骨架分析 x 基因色彩 =
省時、省錢又省力的最強男子選衣法

二神弓子－著
邱喜麗－譯

前言

感謝購入本書的讀者。出版此書目的要旨在希望男士們能活用「骨架分析」和「基因色彩」等時尚方法論，展現個人魅力。

二十多年來，我一直以形象顧問的身分為許多商務人士提供諮詢，過程中我發現許多男士都傾向將「職場服裝」視為「工作工具」。私服也是如此，為了能有效率地挑選適合自己的服飾，很多人開始意識到專業時尚診斷的重要與必要。

在諮詢過後採納建議、套用於現實生活中的人，似乎也頗有成效。我收到許多令我開心的反饋，例如：再也不用煩惱挑選衣飾的問題、不僅了解到自己適合穿什麼衣服，且更能享受時尚樂趣；有人還因此交到了人生第一個女朋友，更有人在工作場合進行簡報或演說的成功率提高了……等等。

這本書並非如時尚雜誌那樣以時髦男性為目標讀者群，而是介紹一種選擇服飾的方法，讓男士們無論在職場或個人生活中，能夠自然而優雅地展現個人魅力。倘若大家在挑選日常服飾時，能將本書當做穿搭提點參考，便是我最大的開心與滿足了。

二神弓子

Casual
Style

Suit
Style

如何「聰明地挑選服飾」？

挑選衣服實在令人傷腦筋？

從事形象顧問工作時，當詢問男性對於時尚的心聲，時常聽到很多人有著這樣的困擾。

- ☐ 挑選衣服有夠麻煩
- ☐ 不知道自己適合什麼衣服
- ☐ 永遠都選同樣的衣服
- ☐ 想變成型男但很花錢
- ☐ 反正身材也不好，穿什麼都一樣
- ☐ 不知道什麼衣服符合相應年紀
- ☐ 不想要看起來很老土，但也不想刻意耍帥
- ☐ 排斥或無法理解時尚雜誌或服裝店員的建議

想要穿搭看起來恰如其分，但對自己的品味和身材沒什麼自信，也不知道該穿什麼衣服。再說，也不想花時間或金錢在衣服上……

本書介紹的方法，可以讓你輕鬆依循捷徑、毫不猶豫地選擇衣服，並且展現迷人的時尚感。

熟男服飾重點在於「基本款式」、「端正得體」、「適合自己」

首先我想先釐清成熟男性應追求的時尚方向。

熟男欲追求的高好感度時尚是「不刻意耍帥、顯出恰如其分的時尚品味」、「乾淨舒服又穩重」、「不俗氣、看起來有型」。為了實現這個目標，必須了解幾個重點，包括「基本款式」、「端正得體」並「適合自己」。讓我們一一來解析。

【基本款式】：設計過於獨特的衣服不實穿，反而還可能顯得老土，有時候甚至會讓人有「想刻意耍酷」的感覺。因此，若選擇任何人穿起來都不感到怪異、簡單的「基本款」服飾，較能貼近「**適切的時尚感**」。

【端正得體】：「端正得體」的衣服指的是降低休閒感（寬鬆感）、看起來正式穩重的服飾。舉例而言，無論外套、襯衫還是牛仔褲，不顯邋遢也沒有破損加工之類，便可謂端正得體的服飾。隨著年齡增長，休閒感過重的衣服會予人輕率幼稚的感覺。穿搭中帶入「端正得體」的服飾單品，能打造出**乾淨、整齊且穩重的形象，提升好感度**。

【適合自己】：同樣服裝因應不同人穿搭，看起來可能優雅、也可能俗氣，有的人穿顯得腿長、有的卻可能顯胖，會大大改變予人的觀感。原因不在於「品味」或「天生身材」，而在於「是否選擇了適合自身的衣服」。穿著合適的衣服**能將身材隱惡揚善且顯得優雅**。

像這樣把握「基本款式」、「端正得體」、「適合自己」的原則選衣，便能實現「**乾淨清爽、修飾身材、恰到好處的成熟時尚感**」。

這三個原則當中，我認為「基本款式」、「端正得體」都是相對容易理解的要點。

關鍵在於「適合自己」這點。很多人都不知道自己適合什麼樣的東西，或者不理解何謂「合適」一詞形容的狀態吧。

【熟男時尚的三大要點】

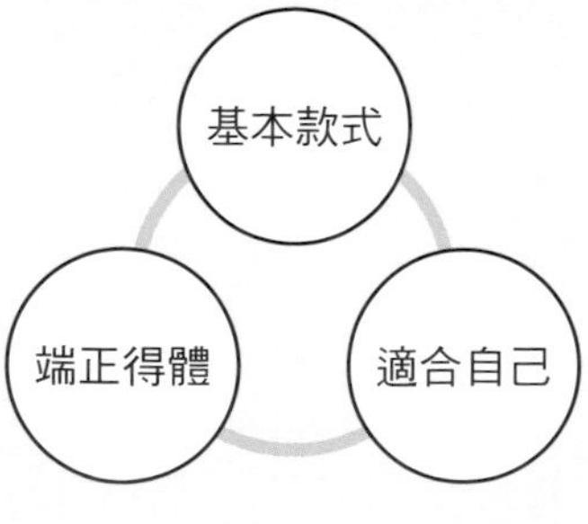

藉由骨架分析和基因色彩診斷，摸索適合自己的穿著

所謂「合適」，是指充分發揮個人與生俱來的身型特色。穿上合適的服裝，能將一個人的身材隱惡揚善，使你的身材看起來更好，給人風采翩翩的感覺。相反地，若穿了不適合自己的衣服，會暴露身材缺點且顯得土氣。

話雖如此，客觀地掌握自己的身體特徵有點困難，因為每個人在不知不覺中會拘泥於長期的信念和偏好。

因此，我希望大家結合「**骨架分析**」和「**基因色彩**」診斷方法，準確地掌握與生俱來的特徵。

「骨架分析」檢視的是身體線條和質感特徵，得出適合的設計和服飾材質。「基因色彩」則檢視皮膚、眼睛和頭髮的顏色特徵，得出適合每個人的色彩。依據這兩項條件，便能以**最短捷徑找出最適合自己的服飾**。

本書第一章介紹骨架分析的理論；第二章介紹基因色彩理論；第三章介紹基於骨架分析結果應打點的基本款服飾和搭配示範；第四章則介紹如何挑選西裝。

了解自己屬於何種類型，並依照本書的描述治裝，就可以完成「乾淨清爽、修飾身材又具成熟感的時尚造型」，不會因挑錯服裝而浪費金錢。

希望本書提出的方法能幫助大家不再苦於選衣，並從中找到樂趣。

【 由「適性」導出的2種方法 】

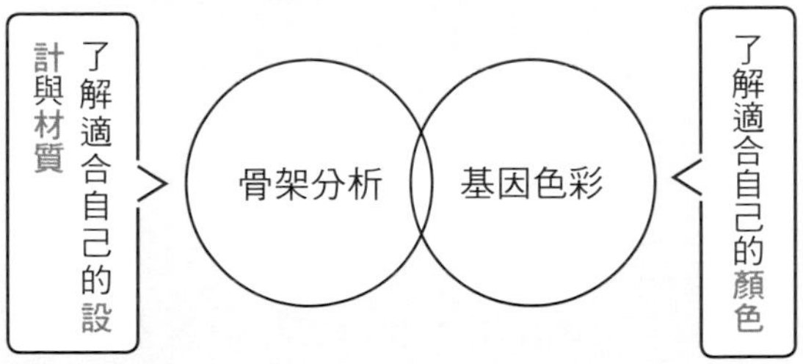
了解適合自己的顏色
基因色彩
骨架分析
了解適合自己的設計與材質

目錄

第3章

依據骨架類別
挑選適合的
基本單品及穿搭

第4章 藉由骨架分析×基因色彩找出適合自己的西裝

本書中刊載的時裝為2018年4月當下販售的物品，現在可能已無販售。

第1章

骨架分析

首先從與生俱來的體型分析自己屬於何種骨架類型，才能了解適合的「材質」與「設計」。

何謂骨架分析？

知道自己屬於何種骨架，就能了解適合自身的設計與服裝材質！

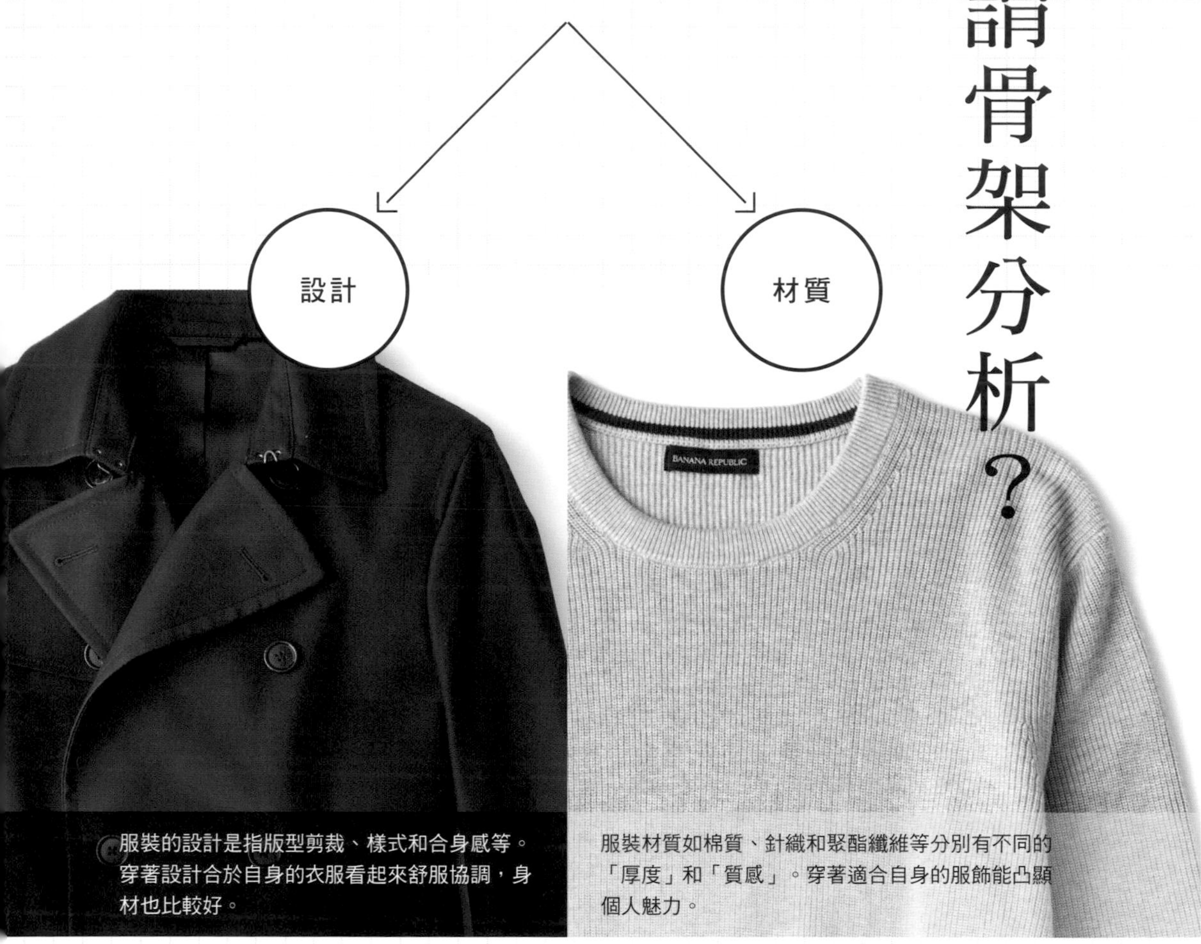

服裝的設計是指版型剪裁、樣式和合身感等。穿著設計合於自身的衣服看起來舒服協調，身材也比較好。

服裝材質如棉質、針織和聚酯纖維等分別有不同的「厚度」和「質感」。穿著適合自身的服飾能凸顯個人魅力。

不拘體型和年齡的評估法

骨架分析是依據先天的身體特質，深究「肌肉與脂肪的分布」、「關節大小」和「身體質感」（僵硬或柔軟等）的差異，藉此找出適合自己的服裝設計和材質的理論。分析結果可分為「直筒型」、「波浪型」及「自然型」。

穿上合適的設計與材質的服飾會凸顯個人魅力，使身材看起來更好，並予人優雅的印象。

這與年齡、身高、體重無關，每種骨架類型的特徵不會因為增胖或瘦身改變結果，不存在「變胖後從自然型變成直筒型」的說法，因此，此方法終生適用。

3 種骨架類型

Natural
自然型

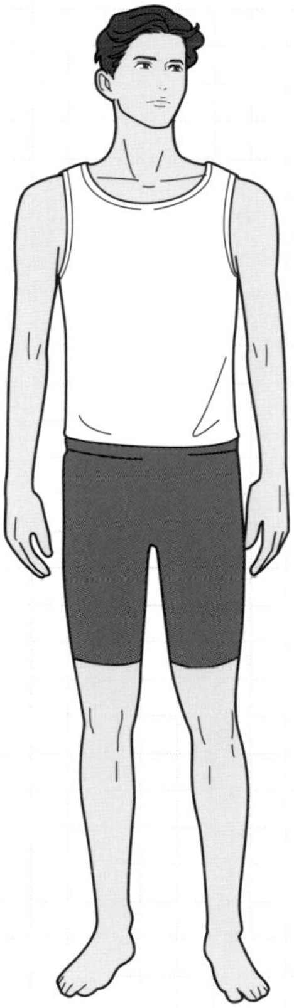

全身骨骼與青筋皆很明顯的體型

相較於肌肉，反倒是骨骼與青筋很明顯的體型。具有鎖骨和膝關節突出、脖頸青筋突出和腰部結實等特徵。

P.30

Wave
波浪型

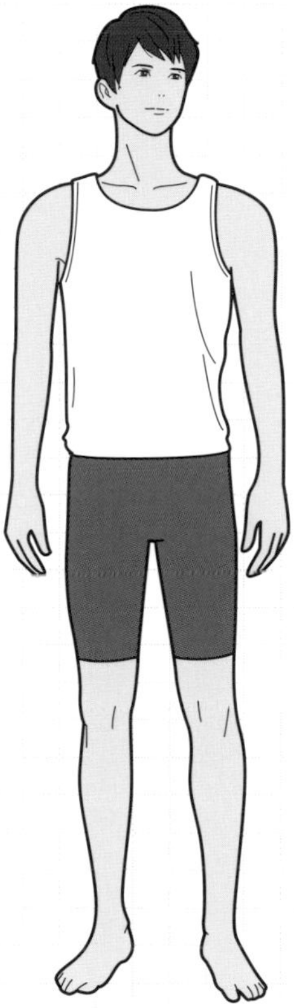

身體重心偏下半身，給人俐落幹練的印象

身型苗條、修長。具有胸膛單薄、脖子較長、腰線位置較低等特徵。

P.24

Straight
直筒型

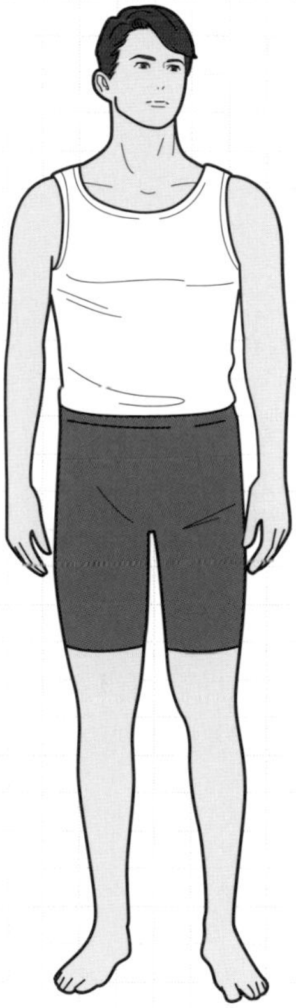

身體重心偏上半身，感覺得到肌肉

肌肉感覺厚實的體型。具有胸膛厚實、腰線位置較高、骨骼不明顯、脖子較短等特徵。

P.18

骨架類型自我檢視表

檢視自己屬於何種骨架類型。
針對每項問題回答 ⓐ～ⓒ 後累計何者符合最多。
※此問卷與胖瘦無關。

01 整體身材給人什麼印象？

- 厚實、肉感 ⓐ □
- 有點單薄、偏苗條修長 ⓑ □
- 骨骼與青筋明顯 ⓒ □

02 手腕至手指的大小特徵？

- 相較身高與體型比例偏小 ⓐ □
- 相較身高與體型比例均衡 ⓑ □
- 相較身高與體型比例偏大 ⓒ □

03 手指關節大小？

- 偏小 ⓐ □
- 一般 ⓑ □
- 偏大。戒指穿過第二指節後能在手指根部轉圈 ⓒ □

04 手腕特徵？

- 橫剖面近似圓形 ⓐ □
- 橫剖面為寬而薄的扁平形 ⓑ □
- 骨頭突出，感覺結實硬朗 ⓒ □

05 手腕處的骨骼特徵？

- ▼幾乎看不見明顯突出 a □
- ▼一般程度的突出感 b □
- ▼骨頭非常明顯突出 c □

06 手掌、手背特徵？

- ▼手掌渾厚 a □
- ▼手掌單薄 b □
- ▼手掌不一定渾厚，但手背上的青筋明顯 c □

07 脖頸特徵？

- ▼偏短 a □
- ▼偏長 b □
- ▼脖子粗、青筋醒目 c □

08 鎖骨特徵？

- ▼幾乎看不見的程度 a □
- ▼看起來偏細 b □
- ▼鎖骨明顯突出 c □

09 肩膀及胳膊特徵？

- ▼肩膀到胳膊容易增生肌肉 a □
- ▼肩膀到胳膊不容易增生肌肉 b □
- ▼肩膀到胳膊的青筋明顯 c □

10 胸圍特徵？

- ▼胸膛厚實 a □
- ▼胸膛單薄 b □
- ▼厚度一般 c □

11 大腿及小腿特徵？

- ▼大腿偏粗、小腿細、脛骨筆直 a □
- ▼大腿偏細、小腿粗、脛骨傾向外彎 b □
- ▼大腿沒什麼肉、脛骨骨骼粗壯 c □

12 膝蓋骨特徵？

- ▼小到幾乎看不到 a □
- ▼大小適中、觸摸時有些向前凸出 b □
- ▼膝蓋骨明顯較大塊 c □

13 足部和腳背特徵？

▼相較身高比例偏小、腳背高 a □

▼相較身高比例均衡、腳背低 b □

▼相較身高比例偏大、腳背高度適中 c □

14 不大適合的服裝？

▼窄管褲 a □

▼皮夾克 b □

▼素面緊身T恤 c □

分析結果

a、b、c何者勾選數最多？
較多的選項便是你所屬的骨架類型。

a	b	c
Straight	Wave	Natural
直筒型	波浪型	自然型
➤P.18	➤P.24	➤P.30

自我檢視時感到疑惑？

若診斷結果有同樣的數量，請優先以這三題分析。

➤
- 01 整體身材給人什麼印象？
- 04 手腕特徵？
- 05 鎖骨特徵？

Straight

【直筒型】

全身厚實，肌肉結實

整體肌肉明顯，體格厚實。胸膛飽滿，大腿壯碩但小腿細。這類型者脖子較短，背部和肩膀骨骼隱藏於肌肉之中並不顯眼。在三種骨架類型中，手部比例最小，而且青筋和骨頭都不太醒目。

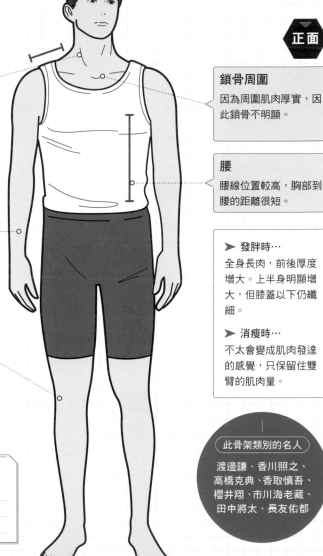

身體特徵

正面

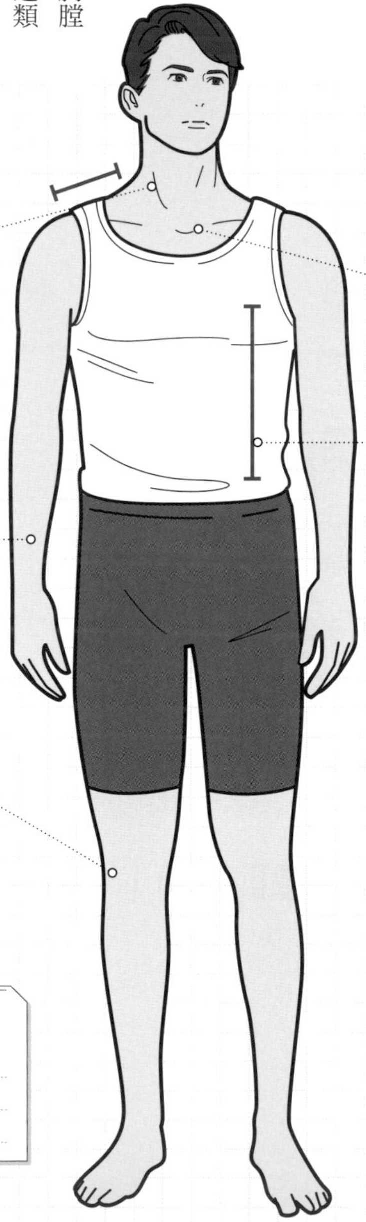

脖子

相較身高，脖子比例較短，頸部到肩膀的距離也短。

鎖骨周圍

因為周圍肌肉厚實，因此鎖骨不明顯。

腰

腰線位置較高，胸部到腰的距離很短。

肌肉質感

如麵包一樣Q彈有張力。

膝蓋

膝蓋骨偏小不明顯。膝蓋以上粗壯但膝蓋以下纖細，線條對比顯著。

➤ 發胖時…

全身長肉，前後厚度增大。上半身明顯增大，但膝蓋以下仍纖細。

➤ 消瘦時…

不太會變成肌肉發達的感覺，只保留住雙臂的肌肉量。

常見困擾

- 容易顯胖
- 脖子看起來短
- 上半身感覺被壓縮

此骨架類別的名人

渡邊謙、香川照之、高橋克典、香取慎吾、櫻井翔、市川海老藏、田中將太、長友佑都

背部

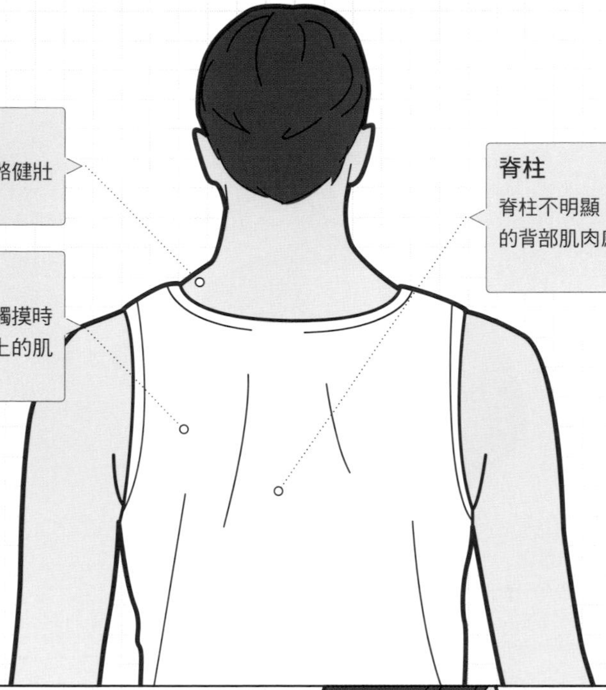

肩膀
觸摸時肌肉比骨骼健壯的感覺。

肩胛骨
肩胛骨不顯眼。觸摸時可感覺到肩胛骨上的肌肉。

脊柱
脊柱不明顯。脖子以下的背部肌肉感覺發達。

手

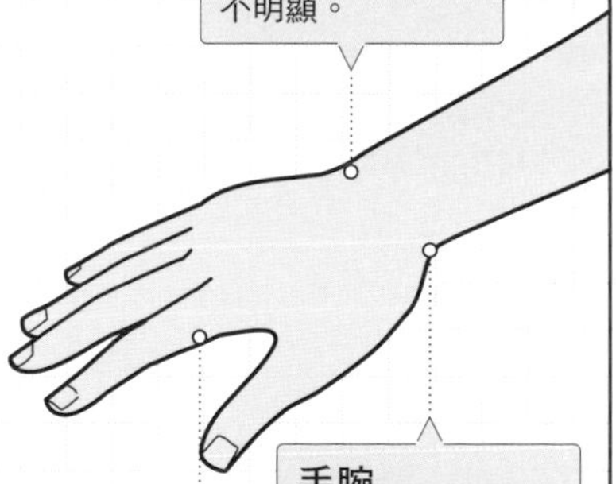

手腕骨
骨頭纖細，手腕骨不明顯。

手腕
手腕厚實，橫剖面近似圓筒狀。

手掌與指關節
相較於身體比例偏小，指關節不明顯，手掌厚實富彈性。

側面

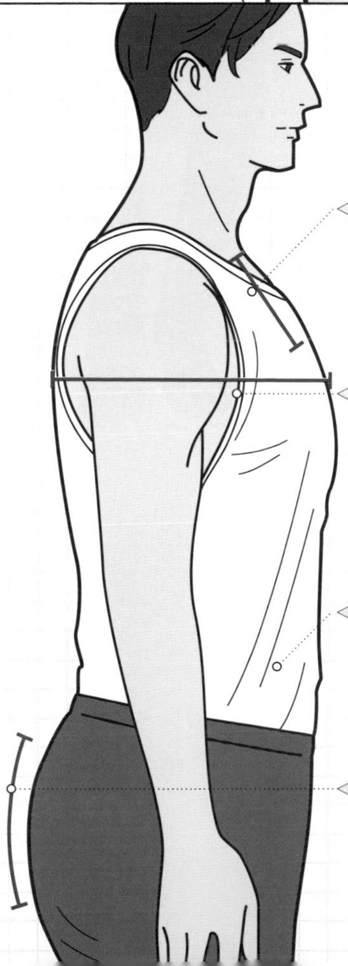

胸線
鎖骨至胸部上方呈一直線。

胸膛厚度
身體前後圍度大，胸膛厚實，所謂的「壯碩」體格。

腰際
腰線位置高，腰部周圍易增長肌肉。

臀線
肌肉紮實，略顯肉感。

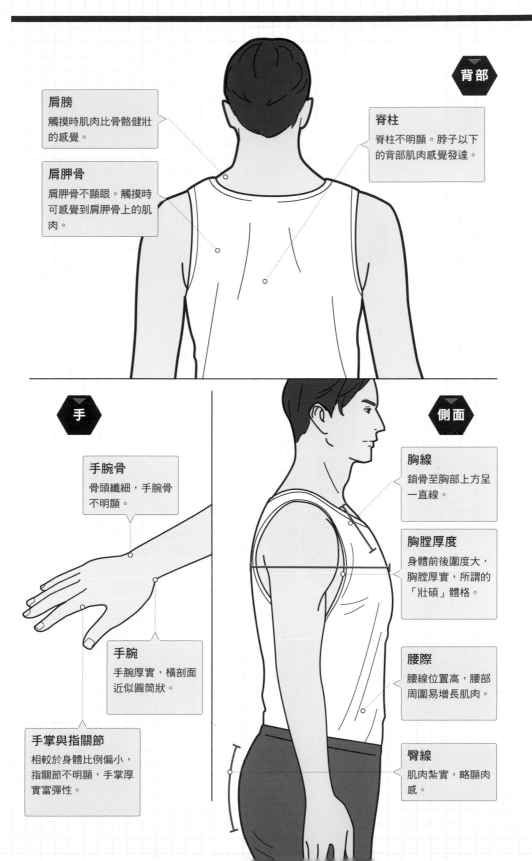

直筒型 適合的服裝

整體

適合設計簡約、無繁複裝飾、可清楚展露厚實體格的服飾。挑選不過於寬鬆也不過度緊身、剛剛好的尺寸能讓身材顯得很好。

NG 不適合

- 裝飾花俏、華麗的服飾
- 太寬大或貼身的剪裁

上半身

➤ 外套＋襯衫

是三種骨架類型中最適合外套搭襯衫的標準造型。選擇基本設計、衣擺介於髖骨的長度、剪裁剛好合身的款式。

NG 不適合

- 太寬大的 T 恤
- 開襟針織外罩衫

下半身

➤ 直筒褲

適合輪廓筆直、帶點硬挺度的略厚材質，褲管有壓中線、設計簡單、合身端正的服飾。

NG 不適合

- 寬垮的剪裁
- 窄管褲等太貼合的褲款

掌握簡單及基本的風格

直筒型的人肌肉比骨骼突出，全身厚實健壯，適合簡單的風格而無需多餘裝飾。服裝尺寸上，不應過度寬鬆也不應太貼身，選擇剛好合身就不會有顯胖疑慮。相反地，裝飾花俏的設計和太寬大的剪裁都會顯臃腫，不易駕馭。

至於材質，略具厚度和硬挺度、質感高級雅緻的服裝格外適合，避免選擇輕薄、柔軟或具粗獷感的布料。

建議運用簡約的外套搭配襯衫、皮鞋、正式長褲為標準造型。選擇服飾單品的重點在於把握簡單、合乎標準和基本的原則。

適合的材質與花紋

材質

肌肉紋理結實的直筒型，適合具硬挺度的厚實材質。不妨挑選無特殊加工、質感上等，看起來精緻高級的布料。

厚棉質

支數較細、材質厚實具質感的布料。

皮革

具硬挺度與高級感的真皮。亮澤感低的為佳。

丹寧

乾淨面的丹寧布、不建議有挖破加工或化學酵洗。

羊毛

以高檔細線編織如壓縮羊毛或高針數針織品。

燈芯絨

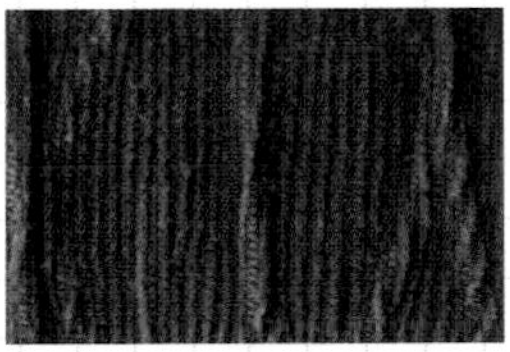

條數較細的燈芯絨較能展現高雅質感。

花紋

不擅駕馭花俏服飾，建議選擇簡單、素雅的基本款，不過直筒型格外擅長駕馭粗的直條紋，不妨選擇色彩對比強烈、視覺效果鮮明的款式。

直條紋

選擇粗的直條紋、對比鮮明的條紋。

橫條紋

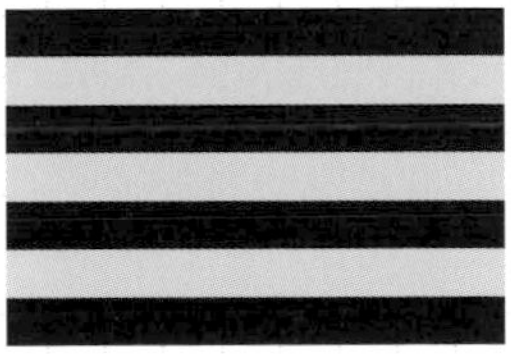

適合寬版條紋和色彩對比強烈的條紋。

棋盤紋

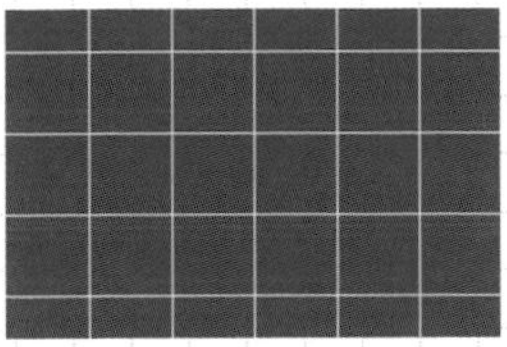

西裝或外套配褲裝的造型上建議可選擇此種花紋。

菱格紋

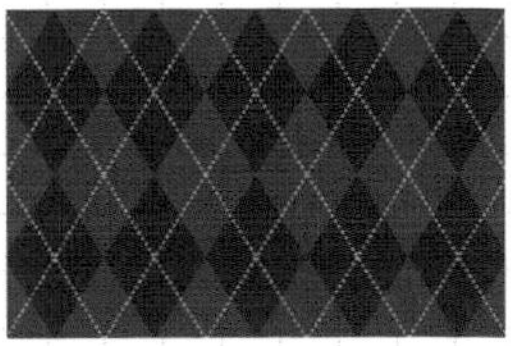

看起來整齊劃一的大菱格紋也很適合。

BURBERRY 經典格紋

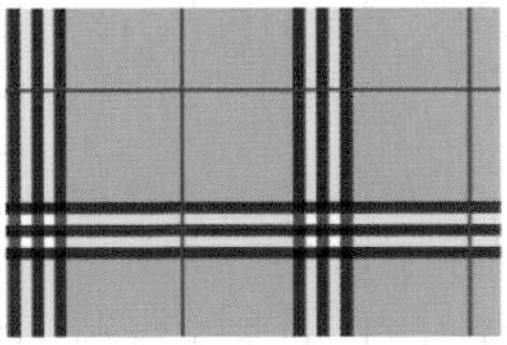

這是英國精品名牌的註冊商標，散發高級質感也很合適。

適合的配件

Bag
包包

- 體積不要太小的款式
- 基本設計
- 皮革材質

NG 尼龍材質、花俏的設計

Hat
帽子

- 裝飾少的簡單款式
- 粗獷感低的款式
- 紳士帽
- 高針數針織毛帽
- 質感好的棒球帽

NG 寬帽沿、低針數針織毛帽

Belt
皮帶

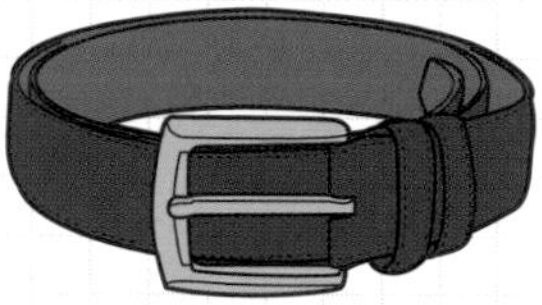

- 粗細適中
- 皮革材質
- 商務場合也適用的設計

NG 編織皮帶、有鉚釘裝飾的皮帶

Shoes
鞋子

- 裝飾少的簡單款式
- 皮革材質
- 高檔材質
- 基本款球鞋

NG 帆船鞋、高筒球鞋

Muffler
圍巾

- 寬版款式
- 材質厚實
- 喀什米爾羊毛、100% 羊毛、高針數針織

NG 有流蘇綴飾、鮮豔花俏的款式

Watch
手錶

- 外形簡單、大小適中的款式
- 錶面：圓形
- 錶帶：粗細適中，皮革或金屬材質皆可

NG 設計浮誇的款式

外套＋褲裝造型

休閒風格

襯衫、套頭衫
襯衫或簡單的高領套頭衫

牛仔褲
無加工的直筒牛仔褲

球鞋
簡約款式

正式風格

褲子
直筒西裝褲

皮鞋
皮革質感良好的款式

適合外套＋褲裝造型追求休閒風格就搭配無加工的牛仔褲

外套加褲裝的簡約穿搭是直筒型的拿手造型。重點在於選擇一件大小適中、剛好合身的外套。

若想追求正式得體的感覺，建議搭配褲管壓中線的西裝褲和高領套頭衫，非常修飾上半身身材。

若想走休閒路線，便將褲裝換成無刷色加工或只簡單水洗工法的牛仔褲，就能營造出恰如其分、高雅又成熟的休閒風格。不想予人太拘謹感覺時，可將外套袖口捲起，增添率性。

Wave
【波浪型】

頸部修長，散發高雅纖長的體型

波浪型脖頸修長，肩部線條柔和，即使進行增肌訓練，胸部和腹部也很難增長肌肉。骨骼纖細，下半身比上半身健壯，臀部相對扁平，整體單薄。另一特點是此型大部分的人的肌肉質感相對柔軟，散發溫文儒雅的氣質。

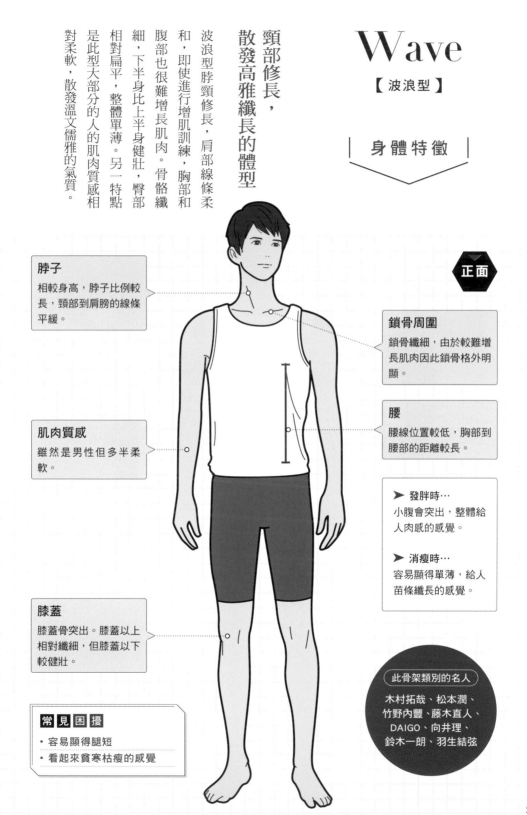

身體特徵

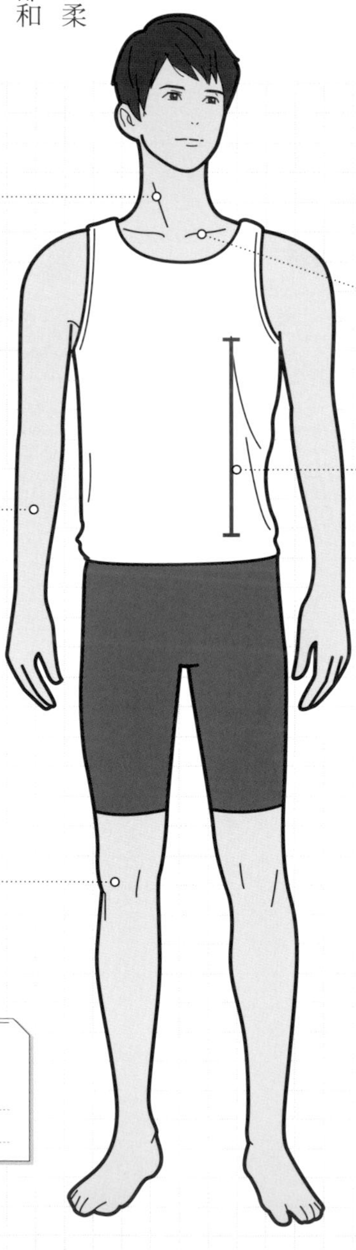

正面

脖子

相較身高，脖子比例較長，頸部到肩膀的線條平緩。

鎖骨周圍

鎖骨纖細，由於較難增長肌肉因此鎖骨格外明顯。

腰

腰線位置較低，胸部到腰部的距離較長。

肌肉質感

雖然是男性但多半柔軟。

➤ 發胖時…

小腹會突出，整體給人肉感的感覺。

➤ 消瘦時…

容易顯得單薄，給人苗條纖長的感覺。

膝蓋

膝蓋骨突出。膝蓋以上相對纖細，但膝蓋以下較健壯。

常見困擾

- 容易顯得腿短
- 看起來貧寒枯瘦的感覺

此骨架類別的名人

木村拓哉、松本潤、竹野內豐、藤木直人、DAIGO、向井理、鈴木一朗、羽生結弦

背部

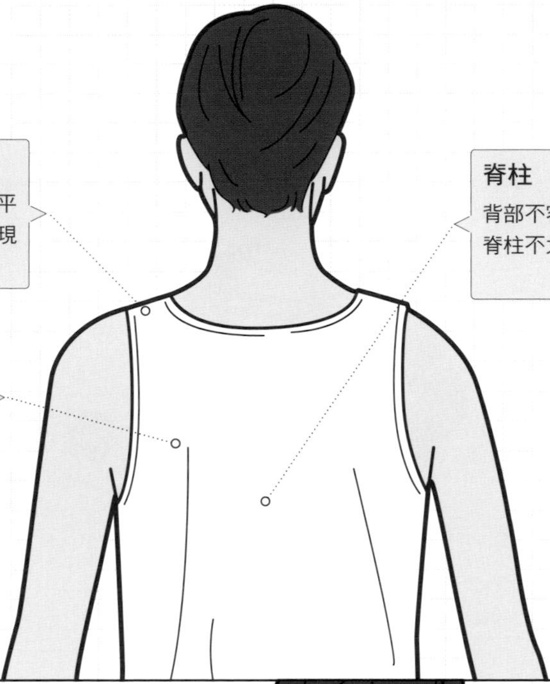

肩膀
頸部到肩膀的線條平緩，很多人有垂肩的現象。

肩胛骨
肩胛骨偏小。

脊柱
背部不容易增長肌肉，脊柱不太明顯。

手

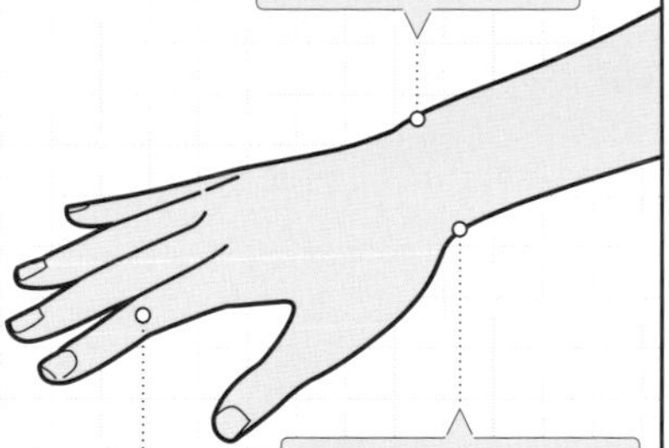

手腕骨
不特別大、也不特別小。

手腕
手腕寬但纖細，橫剖面近似橢圓形。

手掌與指關節
手掌大小普通也不厚實，指關節不明顯。

側面

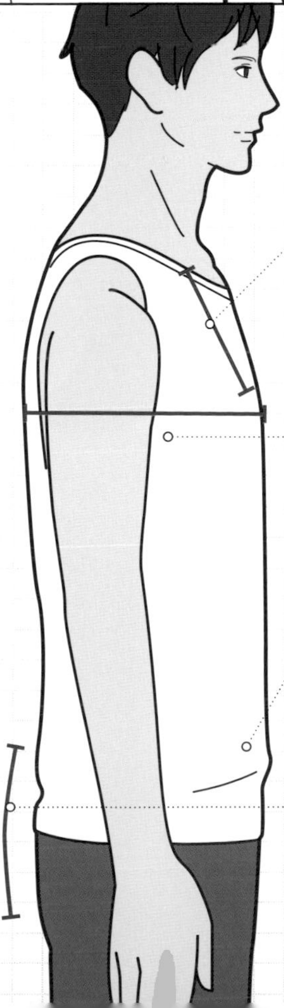

胸線
鎖骨至胸部上方的距離較長。

胸膛厚度
即使刻意鍛鍊增肌，胸部也很難增生肌肉。整體給人單薄的印象。

腰際
髖骨位置低，腰部周圍不容易增長肌肉。

臀線
臀部扁平，背面線條幾乎呈一直線。

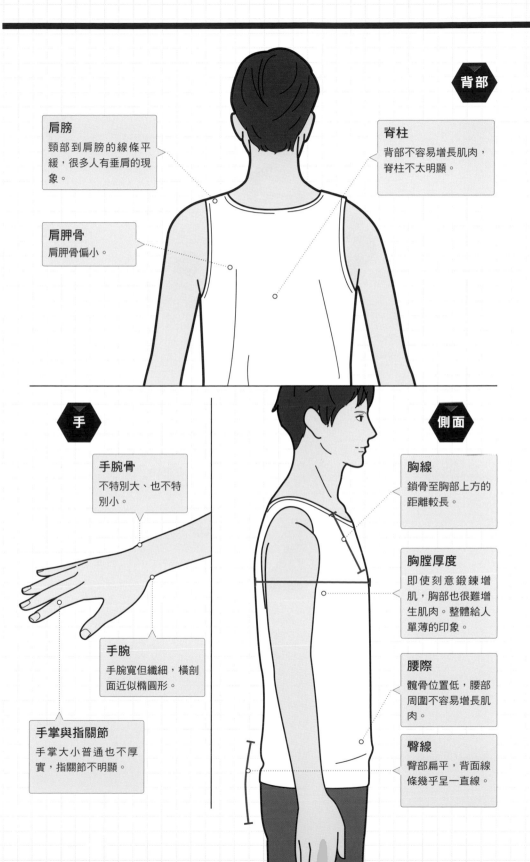

波浪型 ≫ 適合的服裝

整體

屬俐落幹練的體型，適合合身的服飾。造型過於極簡有可能給人弱不禁風的感覺，推薦帶點設計重點的服飾。

NG 不適合

- 邋遢、寬垮的造型
- 過於簡約而略顯無趣的衣物

上半身

➤ 船領橫條紋T恤

波浪型善於駕馭花紋服飾，尤其推薦細的橫條紋衫，合身剪裁較適合。外套也是選擇材質柔軟且合身的款式。

NG 不適合

- 皮夾克
- 低針數針織衫

下半身

➤ 錐形褲

建議選擇修身的設計。下半身稍貼身可以修飾腿短的缺點。

NG 不適合

- 皮褲
- 卡其工作褲

掌握合身並帶有重點設計的原則

波浪型整體予人修長、俐落幹練的印象，格外適合剪裁合身的服飾。若選擇華麗又寬大的衣服，會有種不相襯的突兀感。

上身是三種骨架類型中最單薄的，因此比起極簡的款式，較適合帶點花紋或是有點綴設計的衣服。此外，也特別適合多層次造型。挑選修身窄管的褲子能避免下半身顯胖，也能掩蓋腿短的缺點。輕薄、柔軟材質及細緻的花紋款式較為合適。

建議以細的橫條紋衫搭配窄管褲。挑選服飾單品時著重於合身的剪裁。

適合的材質與花紋

材質

波浪型特別善於駕馭輕薄、柔軟材質，也能將帶點光澤感和柔軟的布料穿出時髦感。避免選擇厚重的服裝。

薄棉質

具薄透感的凹凸棉織或軟質布料款式。

麂皮

若要選擇皮革材質，請選皮裡側起絨加工的的麂皮。

丹寧

挑選略薄但質感優異的款式，帶點彈性的布料也可。

羊毛

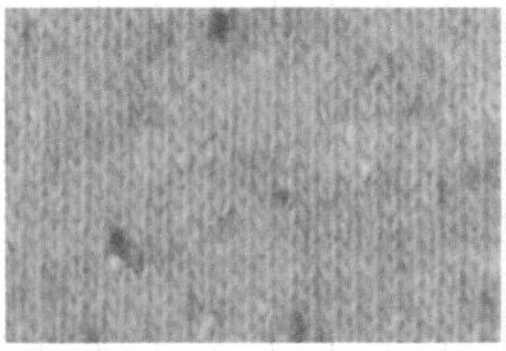

纖維細緻的美麗諾羊毛等質感柔軟的款式。

燈芯絨

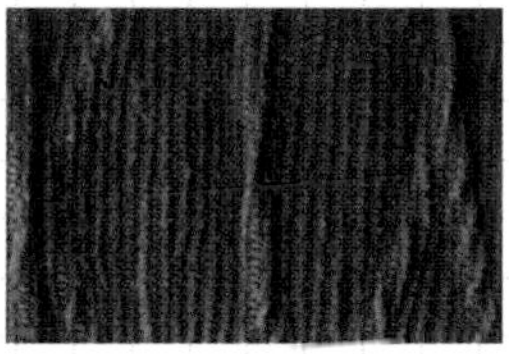

條數細條、材質略薄且質地柔軟的款式尤其適合。

花紋

善於駕馭有花紋的設計，但盡可能選擇小巧細膩的花樣。適合色彩對比低的服飾。

嘉頓格紋

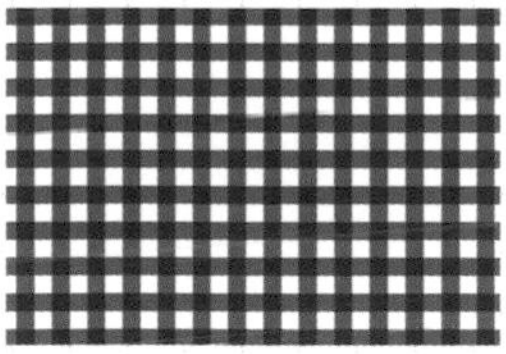

細格紋的款式較合適。

橫條紋

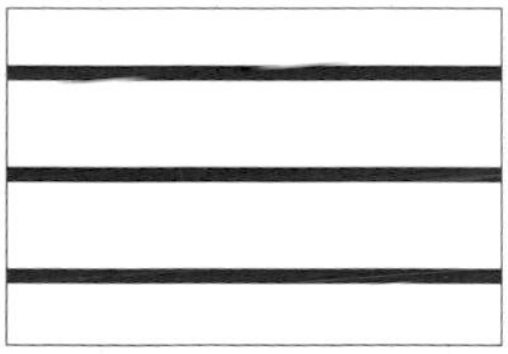

條紋盡可能細、對比度低的條紋。

直條紋

對比度低、如鉛筆般細線條等。

圓點

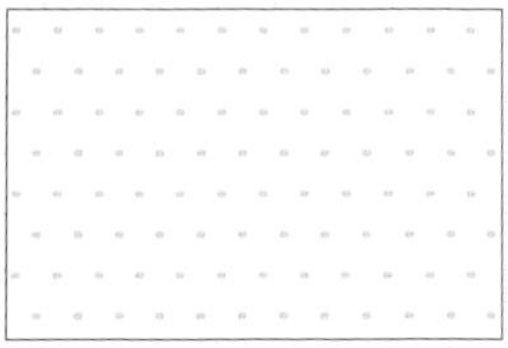

小巧的圓點可締造優雅的感覺。

蘇格蘭格紋

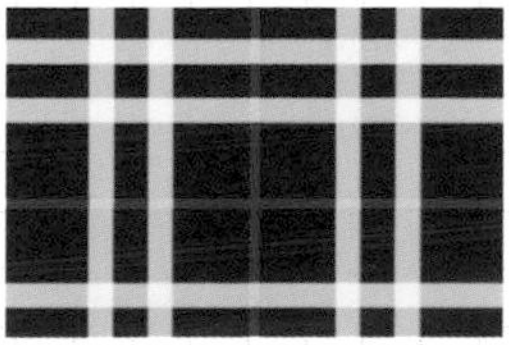

避免大的格紋，優先選擇細格紋款式。

適合的配件

Bag
包包

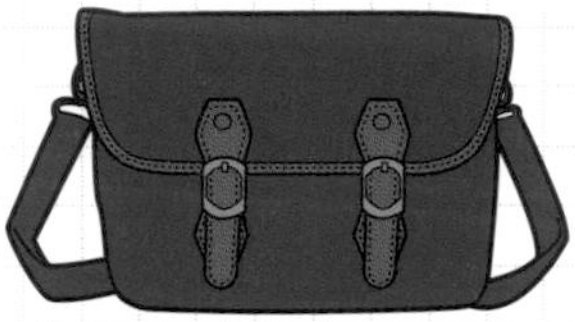

- 體積不過大的款式
- 帶點裝飾設計
- 尼龍、皮革、麂皮材質

NG 大型斜背包

Hat
帽子

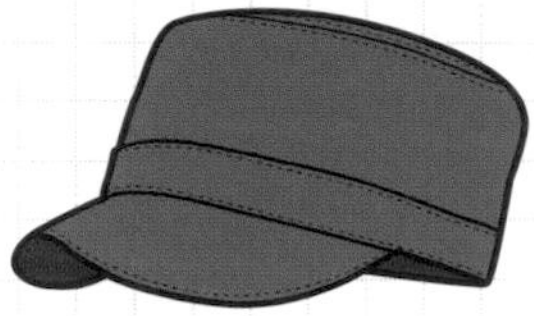

- 貼合頭型的設計
- 稍帶休閒感的款式
- 燈芯絨、尼龍材質
- 工作帽
- 高針數針織毛帽

NG 低針數針織毛帽

Belt
皮帶

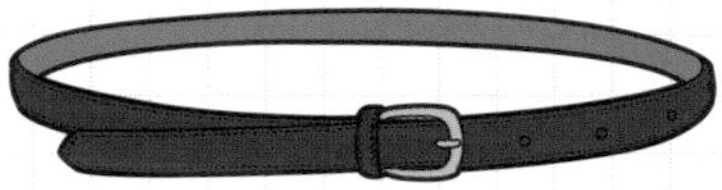

- 細窄皮帶
- 麂皮、皮革、尼龍材質

NG 寬版皮帶

Shoes
鞋子

- 貼合腳的尺寸
- 皮革、麂皮材質
- 窄楦頭球鞋
- 帆船鞋

NG 高筒球鞋

Muffler
圍巾

- 短而精巧的款式
- 材質薄
- 羊毛、尼龍材質

NG 低針數針織圍巾

Watch
手錶

- 精巧款式
- 錶面：正方形、圓形、小巧
- 錶帶：皮革或金屬

NG 錶面寬大、粗獷的設計

外套＋褲裝造型

休閒風格　　正式風格

上半身
搭配些配件點綴，
多層次穿搭
內搭上衣
搭配有花紋的服裝
褲子
窄管錐形褲
褲子
窄管西裝褲
鞋子
麂皮皮鞋

選擇版型偏窄、合身的外套 建議多層次穿搭營造休閒感

波浪型穿著外套＋褲裝裝扮時，若全身過於極簡，可能會引來有點寒酸感的詬病。無論正式或休閒感的造型，不妨加入些配件或以布料上的圖紋點綴，較不至於空虛單調。外套請選擇版型偏窄、合身的尺寸。

下半身適合窄管褲型，偏好正式風格的話，就選窄管西裝褲；想營造休閒感時，搭配上寬下窄的錐形褲，看起來身材會很好。

這類型的人善於駕馭多層次穿搭，因此建議可搭配開襟針織衫或連帽棉質上衣。與外套＋褲裝造型最相襯的是小巧與精美的麂皮材質配件。

Natural

【自然型】

身體特徵

骨頭與青筋醒目，骨骼精壯

自然型體型最大的特徵是骨頭及關節都很大。肩膀、腰部與腳等部位的骨頭都很突出，體格看起來精壯。除骨骼和青筋突出之外，還有些個體差異，但許多人普遍胸骨碩大，整體也很厚實，特點是手的關節粗大。

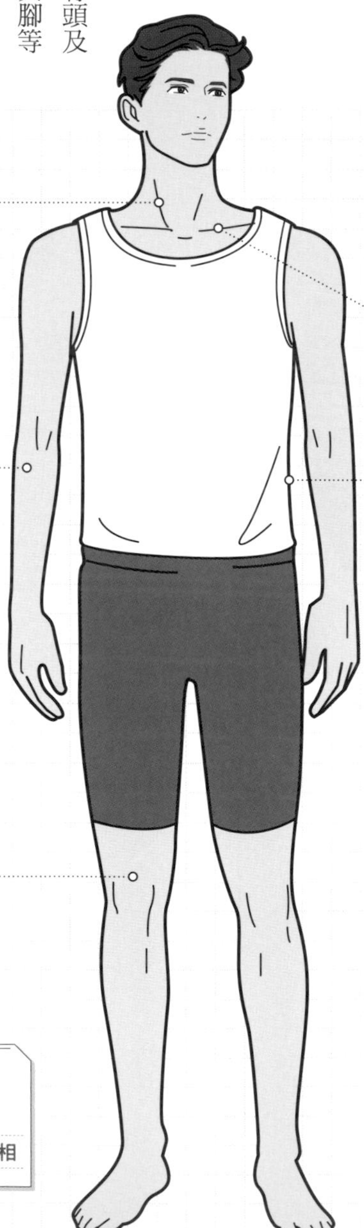

正面

脖子
長度因人而異，相較其他骨架類型青筋更醒目。

鎖骨周圍
鎖骨既長且粗大，但也有人不明顯，存在個體差異。

肌肉質感
不會太硬實，也不至於軟趴趴。

腰
腰線位置因人而異。

➤ **發胖時…**
保有骨頭的凹凸線條和堅實的粗獷感，仍然偏骨感。

➤ **消瘦時…**
更加骨感，關節與青筋暴露。

膝蓋
膝蓋骨偏大。膝蓋以下的脛骨及阿基里斯腱也很大，但膝蓋上方的粗度因人而異。

常見困擾
- 骨頭太突出顯眼
- 佈滿青筋容易顯得寒酸貧相

此骨架類別的名人
小田切讓、江口洋介、阿部寬、役所廣司、豐川悅司、岡田將生、本田圭佑、錦織圭

背部

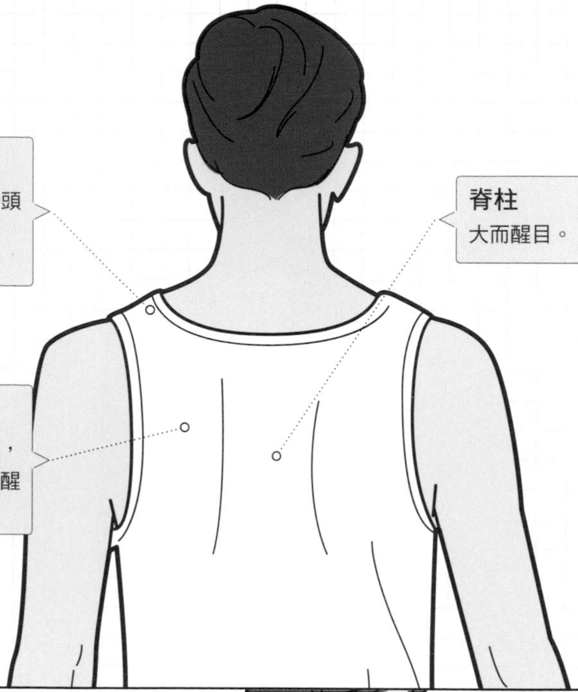

肩膀
肩骨粗大，觸摸時骨頭比肌肉更顯著。

脊柱
大而醒目。

肩胛骨
肩胛骨偏大具立體感，是三種骨架類型中最醒目的。

手

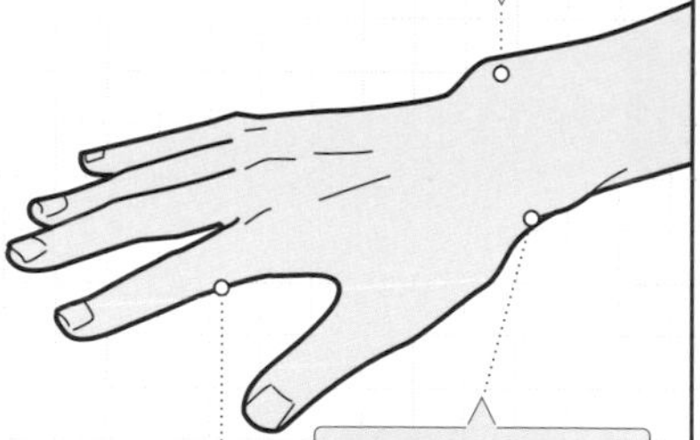

手腕骨
腕骨粗大，是三種骨架類型中最醒目的。

手腕
骨頭與青筋發達，橫剖面呈長方形。

手掌與指關節
相較身高，手掌比例偏大。佈滿青筋，骨頭關節十分突出。

側面

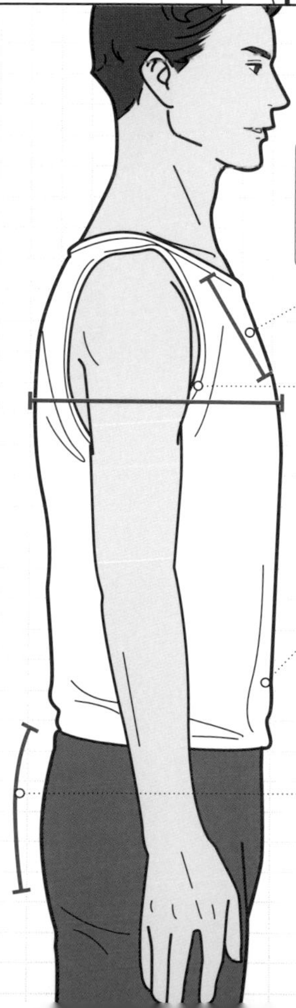

胸線
很多人鎖骨至胸部上方呈一直線。

胸膛厚度
胸骨碩大，骨骼厚實。肌肉與脂肪的附著狀態因人而異。

腰際
腰線位置高。由於骨頭圍度大，腰部顯得堅實。

臀線
臀部扁平。由於骨盆和大腿骨厚實，毫無肉感。

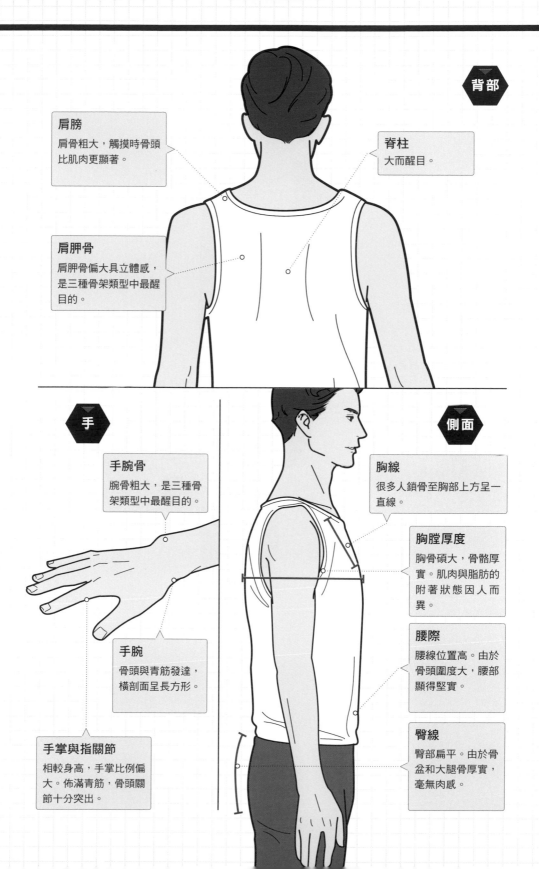

自然型 ≫ 適合的服裝

整體

自然型體格多半精實，適合剪裁寬鬆及設計粗獷的衣物。

NG 不適合

- 過於正式拘謹的設計
- 太合身的剪裁

上半身

➤ 寬大的T恤

選擇寬大且長版的款式。有大型圖樣或花紋設計的衣服也很合適。不擅駕馭合身衣物及太正式的材質。

NG 不適合

- 合身 T 恤
- 高針數針織衫

下半身

➤ 寬管牛仔褲

善於駕馭剪裁寬大的服飾。能將帶點刷破感及休閒感的材質穿出時髦有型的感覺。

NG 不適合

- 錐形褲
- 合身西裝褲

掌握寬鬆及粗獷的風格

自然型骨頭與青筋醒目，予人結實精壯的印象，善於駕馭寬鬆的裝扮和粗獷感的造型。服裝盡量選擇寬版剪裁，太合身的服飾容易顯得緊繃、不相襯。此外，也很適合刷破的牛仔褲或斜紋軟呢、麻料等有點粗糙率性的服飾材質。

太端莊拘謹的風格會顯得乏味。雖然對於熟男時尚而言，「莊重得體」的感覺很重要，但對於自然型，多點休閒元素看起來會更成熟大方且優雅。

建議以帶點休閒感的斜紋軟呢外套搭配寬版T恤和寬鬆的牛仔褲，營造不流於邋遢、成熟穩重的造型。

適合的材質與花紋

材質

自然型擅長駕馭天然材質、略帶粗糙感的布料。有點褪色、洗舊感的棉、麻材質及刷破的牛仔褲尤其適合。盡量選擇洗舊感、表面紋理有點粗糙、富立體皺褶感的布料材質。

麻質布料

適合有點粗硬感、洗舊感的材質。

皮革

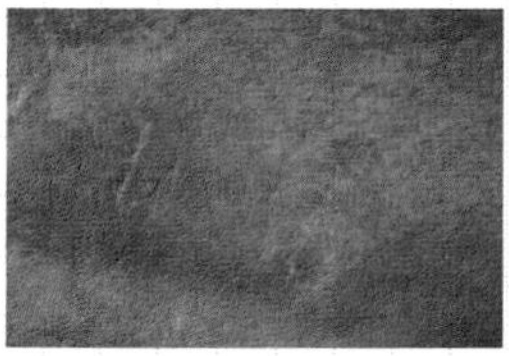

不修邊縫製或帶點仿舊感的皮革物品。

麂皮

適合霧面麂皮的款式。

燈芯絨

紋理明顯的尤其適合。挑選絨條數較粗寬為宜。

斜紋軟呢

以粗毛線編織厚實且具凹凸感的布料。

花紋

善於駕馭大型和不規則圖紋服飾。推薦如格紋及橫條紋等富休閒感、間距寬或不等間距的款式。同時也很適合色彩對比強烈的圖紋。

直條紋

粗或細的直條紋都適合。

橫條紋

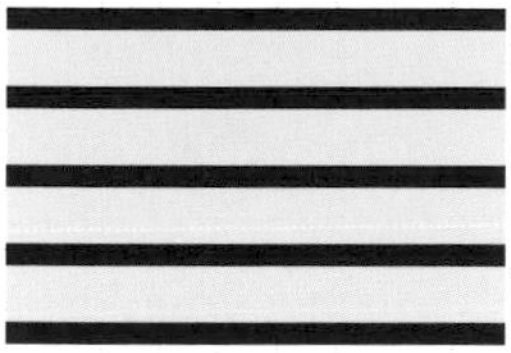

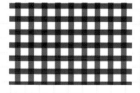

條紋粗細適中的都很合適。

嘉頓格紋

挑選較大的格紋。

菱格紋

適合大塊的菱格紋。

BURBERRY 經典格紋

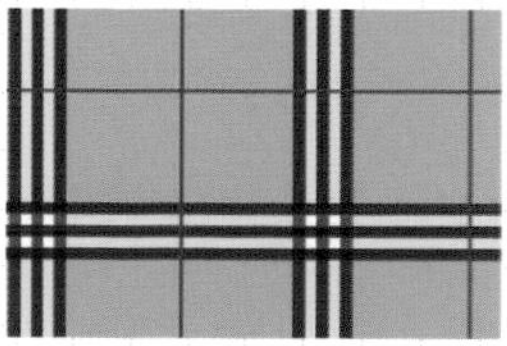

尤其適合直線與橫線不規則交錯的大塊格紋。

適合的配件

Bag
包包

- 體積勿過小
- 休閒風款式
- 皮革、帆布材質
- 大托特包　・粗背帶的斜背包

NG　輪廓精巧的款式

Hat
帽子

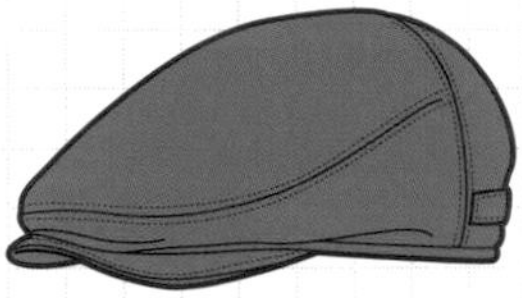

- 寬版的設計
- 富休閒感的款式
- 斜紋軟呢、燈芯絨、棉質
- 鴨舌帽　・藤編帽

NG　高針數針織毛帽

Belt
皮帶

- 寬版皮帶
- 皮革、編織皆可

NG　細窄皮帶

Shoes
鞋子

- 粗獷設計
- 具份量感的款式
- 皮鞋　・切爾西短靴
- 高筒球鞋

NG　窄楦頭、尖頭款式

Muffler
圍巾

- 長款
- 寬版且大條的款式
- 有流蘇綴飾的設計
- 羊毛、尼龍、麻料

NG　喀什米爾圍巾

Watch
手錶

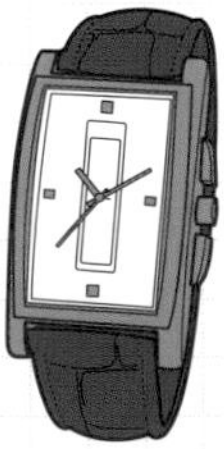

- 寬版設計
- 錶面：長方形、圓形、大錶面
- 錶帶：不要太細、皮革或編織錶帶皆可

NG　錶面太小巧的款式

外套＋褲裝造型

休閒風格
正式風格
內搭上衣
休閒風設計的上衣
褲子
寬大的款式
鞋子
切爾西短靴、球鞋
褲子
格紋西裝褲
鞋子
設計粗獷的皮鞋

以寬大、休閒風外套打造率性風格

自然型的外套＋褲裝造型要點切記勿過於合身，利用寬鬆的服飾創造率性不羈的洗鍊感。

外套挑選寬大的款式，衣擺要比髖骨略長。下半身也應搭配寬褲，以免看起來死板拘束。格紋西裝褲尤其適合，特別是想走正式一點的風格時。

至於內搭上衣，想營造正式風格可選白襯衫；追求休閒風格的話，不妨搭配連帽棉質長T或低針數針織衫等。包包同樣也是選擇體積大、高存在感的設計。

三種骨架身型照片比較

讓我們透過照片比較三種骨架類型全身的差異。直筒型的特點是上身渾厚，膝蓋以下纖細；波浪型則是上身偏單薄，膝蓋以下粗壯；自然型的特點是關節的骨頭粗大。當然也有乍看之下不易分辨的情況，但如果詳察單一部位的特徵還是能清楚分別。此外，由於骨架類型與身高、體重無關，請拋開主觀的臆斷進行客觀分析。

Straight

直筒型

正面

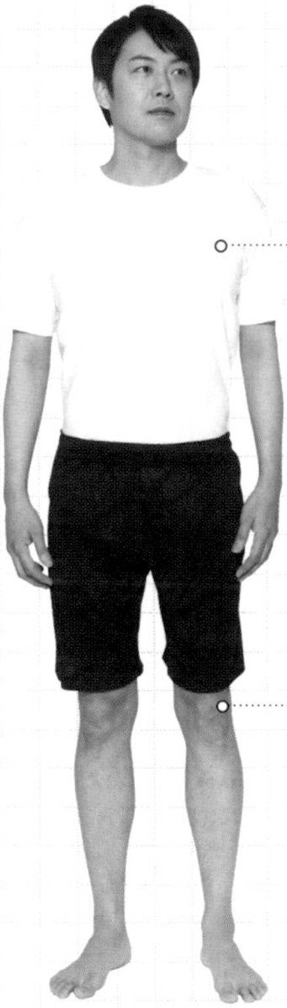

特徵 **1**

肩膀和胸部肌肉感覺發達，腰線位置偏高。

特徵 **2**

膝蓋骨不明顯，膝蓋以上粗壯，膝蓋以下纖細。

背部

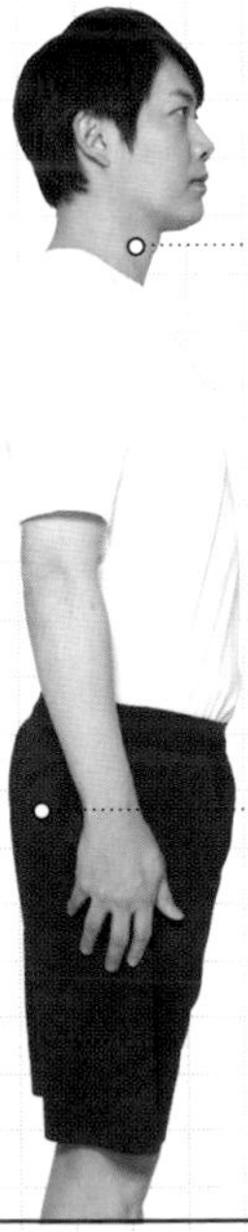

特徵 **3**

脖子短且粗，胸膛前後都很渾厚。

特徵 **4**

臀部立體且飽滿圓潤。手掌也厚實，骨頭與青筋都不明顯。

Natural

自然型

特徵 1

脖子青筋醒目。肩膀、胸部、腰部等整體骨骼粗大且顯眼。

特徵 2

膝蓋骨粗大，膝蓋以下脛骨及阿基里斯腱都很發達。

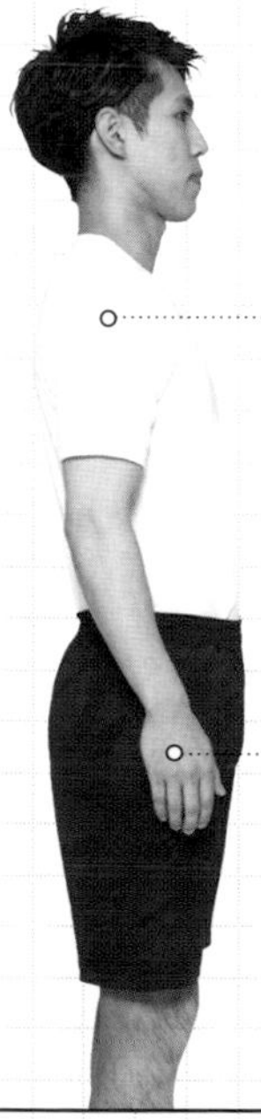

特徵 3

骨骼凹凸嶙峋，頗具厚度。身體線條呈一直線。

特徵 4

手指關節粗大。

Wave

波浪型

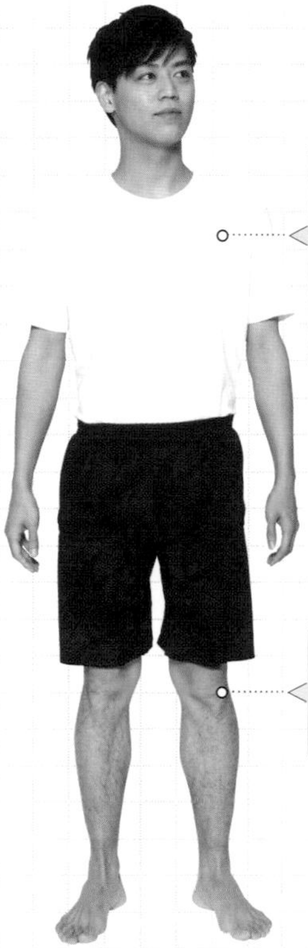

特徵 1

脖子修長，肩膀到胸部的肌肉量不高。硬要說的話，普遍有垂肩的現象。

特徵 2

大腿纖細，膝蓋突出，膝蓋以下粗壯。

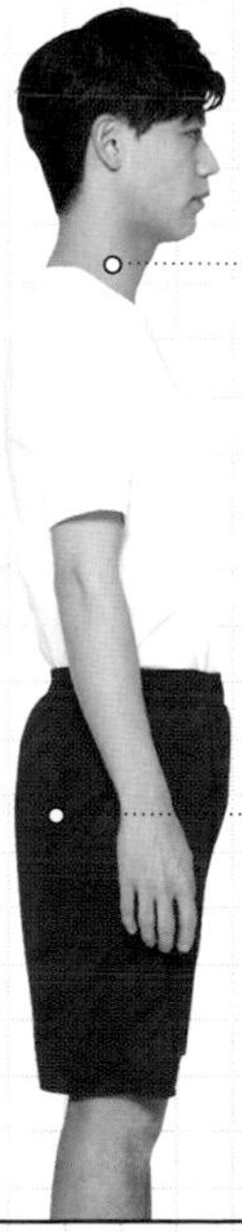

特徵 3

脖子細長，胸部不太容易增長肌肉，整體身型苗條。

特徵 4

臀部扁平，手掌也單薄，骨頭與關節偏纖細。

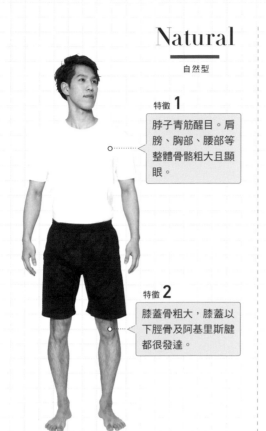

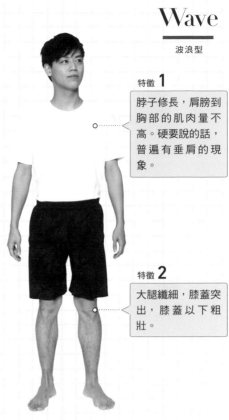

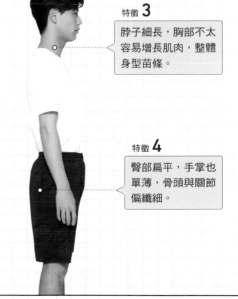

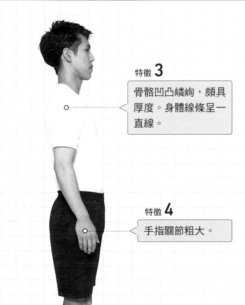

穿上命定服飾改變如此大！

穿著適合各骨架類型的服飾可以凸顯身材優點。衣服尺寸、設計、剪裁和材料吻合個人體型特徵，看起來就很協調平衡。相反地，穿著不合適的衣服時，只會暴露體型缺陷。

見左圖照片，便能了解同樣服裝因骨架差異呈現的效果。

Straight

直筒型

改造前

NG

穿著貼身設計的服飾時，感覺臃腫，給人肥短矮胖的印象。

改造後

OK

穿著尺寸剛好、設計基本的衣服，身材顯得更好。

Natural

自然型

改造前

NG

太簡約的外套＋褲裝造型與線條剛硬的骨架不相襯，看起來拘束窘迫，整體平衡感不佳。

改造後

OK

剪裁寬鬆的服裝與身型融合為一體，看起來舒服優雅。

Wave

波浪型

改造前

NG

穿著剪裁寬鬆的服飾反而突顯身體單薄，看起來缺乏時尚感。

改造後

OK

穿著設計合身的衣服，身體線條層次分明，瞬間變得時髦。

骨架類型別

適合的服裝單品一覽

在此列出依據骨架類別適合的服飾單品及設計，供大家做為挑選衣服時的參考。

◎…特別適合　○…適合　△…不大適合
×…不適合　●…視條件而定

服裝單品·設計	船型領	V 領	U 領
直筒型	× 橫向敞開幅度太寬的衣領形狀比例不佳	◎	× 衣領敞開太多容易顯得邋遢
波浪型	○ 選擇衣領幅度適中的款式	△ 選擇衣領淺一點的款式	× 衣領敞開太多容易顯邋遢
自然型	○	○	◎

衣領形狀

高領	半高領	亨利領	圓領
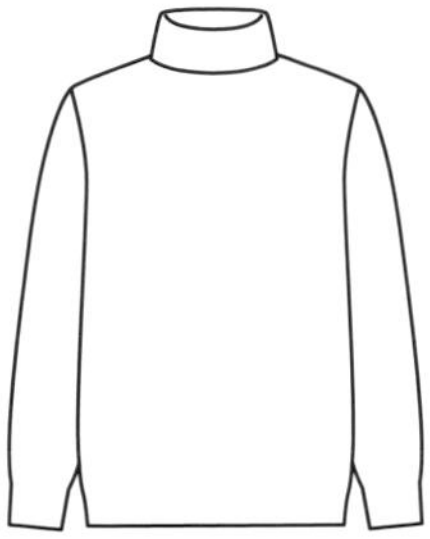	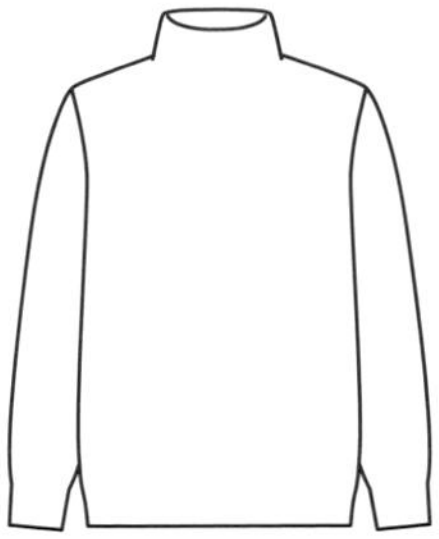		
○	◎	○	○
× 感覺稚氣	× 感覺稚氣	× 感覺不大方	◎
◎	○	◎	◎

上衣

	開襟外套	背心	POLO 衫
服裝單品			
直筒型	× 顯胖	○	◎
波浪型	◎ 選擇高針數針織款式	○	△ 感覺不大方
自然型	◎ 選擇低針數針織款式	○	○

◎…特別適合　○…適合　△…不大適合　×…不適合　●…視條件而定

下身

窄管褲	短褲	七分袖上衣	連帽外套或帽 T
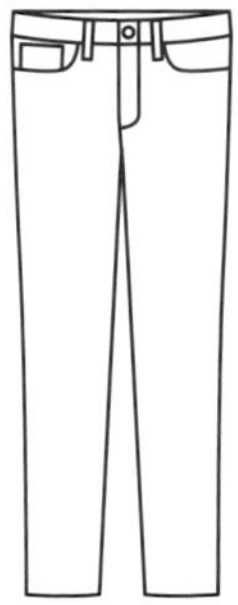			
× 顯得腿粗胖	● 因為身形線條直筒，最好選擇材質硬挺厚實、帶點正式感的款式	× 不好不壞、半調子的感覺	● 具硬挺度的材質，帽兜不高的款式
◎	● 選擇褲管窄、材質柔軟的款式	◎	● 帽兜高挺的款式
× 感覺不大方	● 選擇褲管寬大、具休閒感的款式	× 不好不壞、半調子的感覺	○

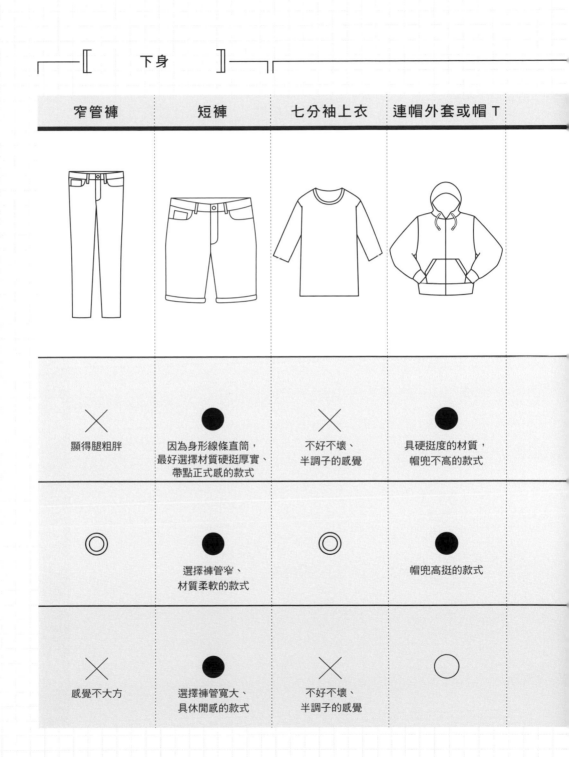

適合的服裝單品一覽

	直筒長褲	卡其工作褲	及踝九分褲
服裝單品	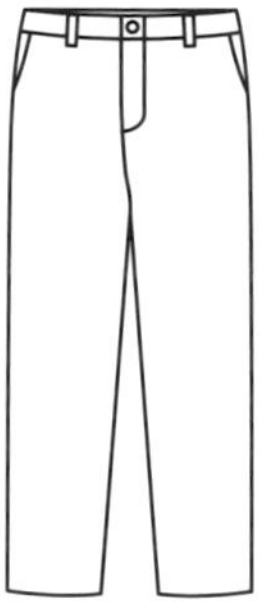	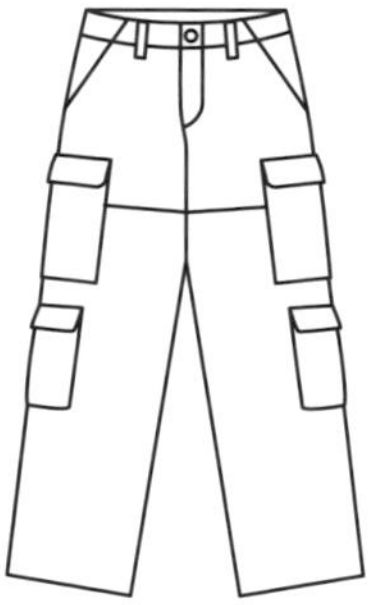	 露出腳踝的長度
直筒型	◎	○	△ 顯胖
波浪型	○	△ 感覺稚氣	○
自然型	◎	◎	○

◎…特別適合　○…適合　△…不大適合　×…不適合　●…視條件而定

下身

寬褲	錐型褲	慢跑棉褲
	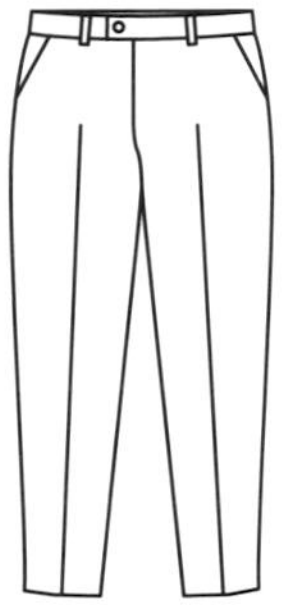	
腰部合身， 整體輪廓寬大的褲款	上寬下窄， 比窄管褲略寬鬆的褲款	下擺縮口設計， 類似運動褲的褲款
△ 感覺土裡土氣	◎ 有中線打褶設計的 款式最好	× 感覺稚氣
× 感覺稚氣	○ 選擇質地輕薄的布料	○ 選擇修身的款式
○	○	○

自我分析感到茫然時

分析骨架類型遇困難時，請嘗試以下方法。

1 聚焦單一部位檢視看看

- 胸膛厚實
- 鎖骨不太明顯

▼

Straight

直筒型

- 胸膛單薄
- 臀部扁平

▼

Wave

波浪型

- 鎖骨粗大醒目
- 手部與腳上的青筋及骨頭明顯

▼

Natural

自然型

2 試著與其他人比較

與其他人比較手部形狀、手腕和鎖骨的突出狀態等。可以的話，實際觸摸比較以查看差異。

特別容易看出差異的地方

- 手部形狀、手腕粗細、手部骨頭特徵
- 鎖骨突出狀態

3 實際穿著服裝檢視

穿著適合波浪型的服飾時看起來比較胖，衣服顯得很緊繃。

ex. 穿著窄管褲時…**兩腿看起來肉肉的。**

➤ Straight 直筒型

穿著適合自然型的服飾時不相襯，而且看起來不大方。

ex. 穿著寬版牛仔褲時…
好看的衣服都變得不好看，感覺輕浮稚氣。

➤ Wave 波浪型

穿著適合直筒型的服飾時，感覺拘束窘迫，整體不平衡。

ex. 穿著有中線打褶設計的錐形褲時…
感覺綁腳且完全暴露腳型缺點。

➤ Natural 自然型

第2章

基因色彩診斷

透過基因色彩診斷，了解適合自己的顏色，就能打造出清爽的造型，無論治裝或搭配服飾也能得心應手。

何謂基因色彩？

從先天膚色、瞳孔顏色
了解適合自己的色彩

相同膚色搭配不同色彩時效果不同

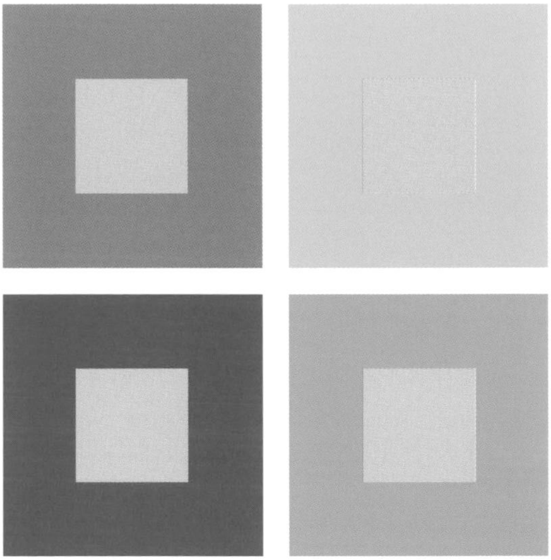

穿著不適合的色彩時…

- 整體給人陰沈沈的感覺
- 臉色黯淡
- 自信低落，顯得毫無光彩
- 鬍渣變得礙眼

穿著適合的色彩時…

- 襯托膚色，神采奕奕
- 臉色明亮
- 看起來俐落幹練
- 鬍渣變得無足輕重

理解適合自己的色系就能創造好印象

基因色彩診斷是一種從天生膚色、髮色，瞳孔顏色等得出適合個人色彩的理論。

關於這個理論起源眾說紛紜，基本上是由二十世紀上半葉美國提出的理論發展而來，並在一九八〇年代左右開始遍及日本。

診斷結果分為「春季型」、「夏季型」、「秋季型」、「冬季型」四組色系。穿上適合自己的色系，自身膚色與服裝本身色彩能相互輝映，整個人顯得俐落幹練，更明亮爽朗，予人更好的印象。

若能理解並認清適合自己的顏色，挑選衣服時便能得心應手。

4種色系衍生的聯想

帶黃色基調

Autumn

【 秋季型 】

・秋天轉深的楓紅
・溫暖而深沉
・沉穩內斂的感覺

P. 56

Spring

【 春季型 】

・春天綻放的花朵與綠葉
・溫暖且明亮
・親和敦厚的感覺

P. 52

帶藍色基調

Winter

【 冬季型 】

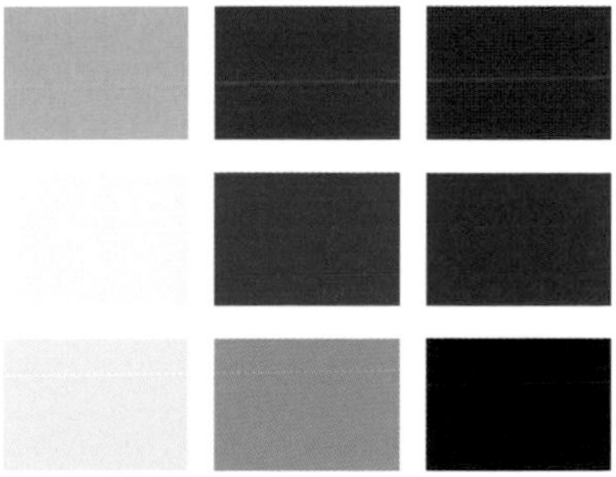

・冬季冷冽的氛圍
・層次明顯
・精明幹練的感覺

P. 58

Summer

【 夏季型 】

・初夏梅雨季節的天空
・淡薄、粉嫩的色調
・溫文儒雅的感覺

P. 54

基因色彩自我檢視表

將書末附的色彩診斷色紙靠在臉旁，面對鏡子判斷。最適用的色紙即是你所屬的色系。

診斷時

診斷方法

在一面可映照全臉的鏡子前，拿著色紙擺在臉旁邊對照檢視。

需準備的物品

一面可映照全臉的鏡子，並裁剪下書末附的診斷用色紙。

檢視瞳孔顏色

將色紙置於眼睛下方看看映襯的效果。

檢視髮色

將色紙靠在頭上看看映襯的效果。

診斷困難時

以手背判別

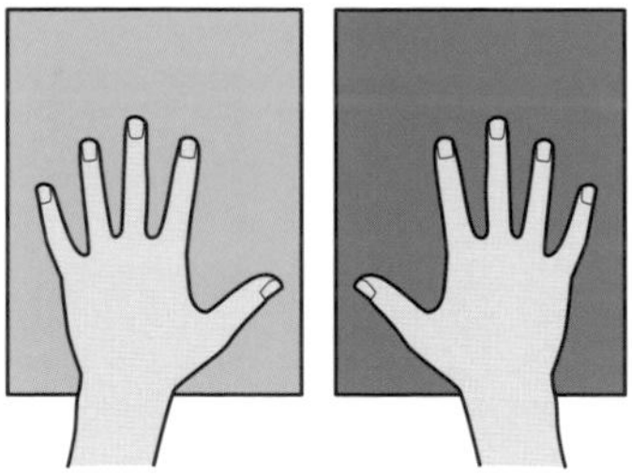

將兩張診斷色紙並排，再將手分別放在上頭比較，選擇較能襯托膚色的那一個。區分自己適合偏藍基調（夏季、冬季色彩）還是偏黃基調（春季、秋季色彩），先將範圍限縮至兩種色調會容易許多。

留意

服裝

為了不要讓服裝顏色影響診斷，請穿著白色服飾。

屋內亮度

請在白色燈光的屋內進行診斷，白熾燈光線偏橘黃，恐影響診斷結果。

檢視項目

01 哪張色紙較不容易顯得膚色不均？

- ▢ 春季型
- ▢ 秋季型
- ▢ 夏季型
- ▢ 冬季型

02 哪張色紙較不容易凸顯青青的鬍渣？

- ▢ 春季型
- ▢ 秋季型
- ▢ 夏季型
- ▢ 冬季型

03 哪張色紙使皮膚看起來較柔細？

- ▢ 春季型
- ▢ 秋季型
- ▢ 夏季型
- ▢ 冬季型

04 哪張色紙不會使皮膚看起來粗糙無光澤？

- ▢ 春季型
- ▢ 秋季型
- ▢ 夏季型
- ▢ 冬季型

05 哪張色紙較不會凸顯斑點、皺紋及黑眼圈？

- ▢ 春季型
- ▢ 秋季型
- ▢ 夏季型
- ▢ 冬季型

06 哪張色紙較不會凸顯法令紋？

- ▢ 春季型
- ▢ 秋季型
- ▢ 夏季型
- ▢ 冬季型

07 哪張色紙使全臉整體看起來較緊實？

- ▢ 春季型
- ▢ 秋季型
- ▢ 夏季型
- ▢ 冬季型

08 哪張色紙較能使雙眼散發光彩？

- ▢ 春季型
- ▢ 秋季型
- ▢ 夏季型
- ▢ 冬季型

09 哪張色紙最能襯托頭髮光澤？

- ▢ 春季型
- ▢ 秋季型
- ▢ 夏季型
- ▢ 冬季型

Spring
【春季型】

溫暖明亮的色彩
令人聯想到春天

膚色或髮色偏黃、明亮色調的人基因色彩屬性為春季型。暖色與冷色調都適合這類別者。比起同樣以黃色為基調的秋季型的人（⊙P.56），膚色與髮色更淺，因此更適合明亮的顏色。

臉部特徵

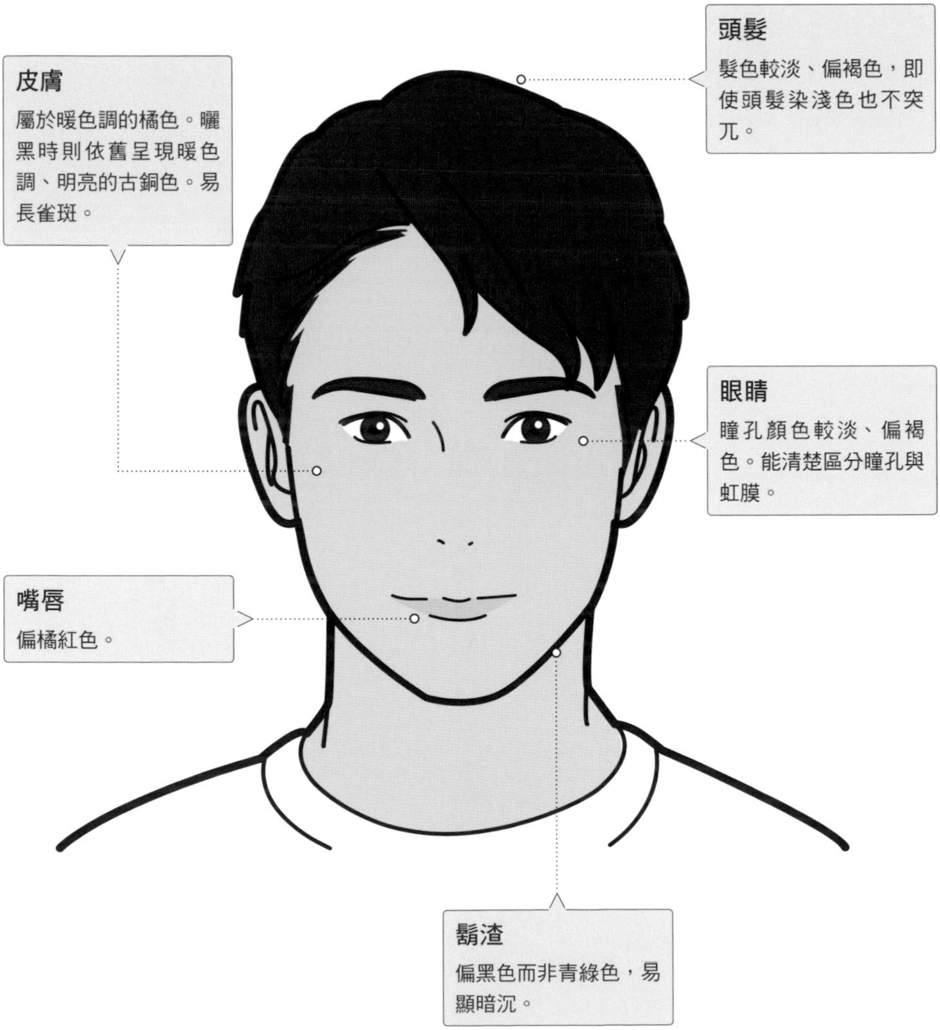
頭髮
髮色較淡、偏褐色，即使頭髮染淺色也不突兀。
皮膚
屬於暖色調的橘色。曬黑時則依舊呈現暖色調、明亮的古銅色。易長雀斑。
眼睛
瞳孔顏色較淡、偏褐色。能清楚區分瞳孔與虹膜。
嘴唇
偏橘紅色。
鬍渣
偏黑色而非青綠色，易顯暗沉。

適合的顏色

春天

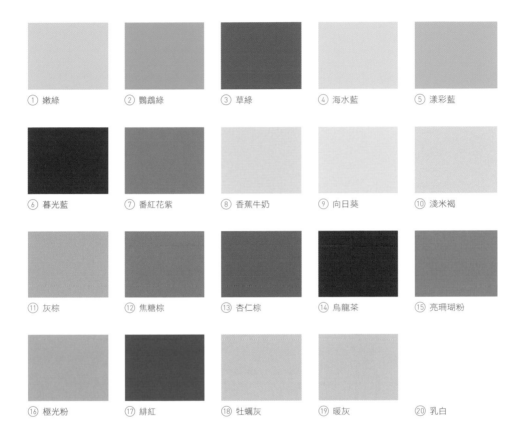

①嫩綠　②鸚鵡綠　③草綠　④海水藍　⑤漾彩藍

⑥暮光藍　⑦番紅花紫　⑧香蕉牛奶　⑨向日葵　⑩淺米褐

⑪灰棕　⑫焦糖棕　⑬杏仁棕　⑭烏龍茶　⑮亮珊瑚粉

⑯極光粉　⑰緋紅　⑱牡蠣灰　⑲暖灰　⑳乳白

運用於穿搭時

- 適合綠色系更勝於藍色系。
- 選擇褐色及米色調會比黑白單一色調更容易營造整體感。
- 不擅駕馭海軍藍及灰色，盡可能選擇明亮、帶黃色調的服飾。

適合的基本色

6　11　12　14　18　20

適合的點綴色

3　9　15　17

色彩配搭方式見 P.62

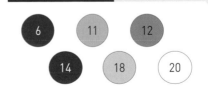

Summer

【 夏季型 】

臉部特徵

淡雅清爽的色彩 令人聯想到夏天

屬性為夏季型的人膚色略微蒼白、黃感較少，適合偏冷色調的淺色系。相較同樣帶藍色基調的冬季型的人（▼P.58），膚色與髮色更柔和些，更適合淡雅粉嫩的顏色。

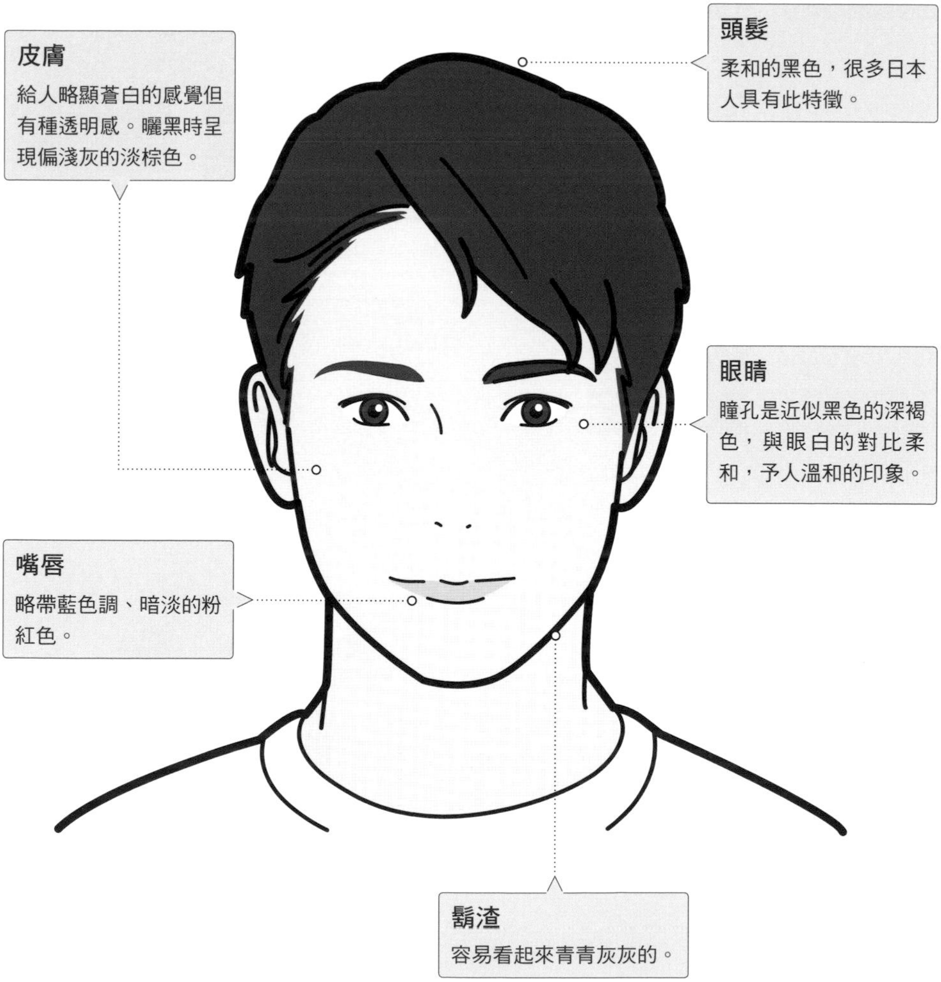
頭髮
柔和的黑色，很多日本人具有此特徵。
皮膚
給人略顯蒼白的感覺但有種透明感。曬黑時呈現偏淺灰的淡棕色。
眼睛
瞳孔是近似黑色的深褐色，與眼白的對比柔和，予人溫和的印象。
嘴唇
略帶藍色調、暗淡的粉紅色。
鬍渣
容易看起來青青灰灰的。

適合的顏色

夏天

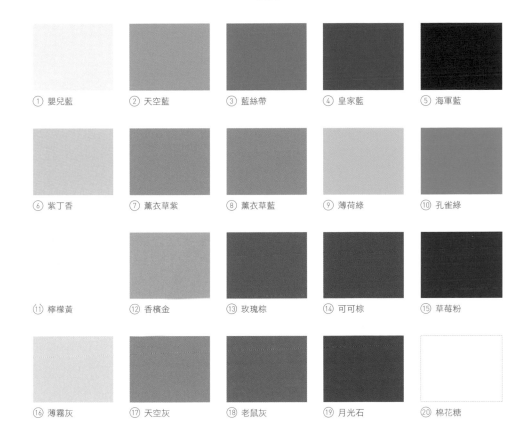

① 嬰兒藍	② 天空藍	③ 藍絲帶	④ 皇家藍	⑤ 海軍藍
⑥ 紫丁香	⑦ 薰衣草紫	⑧ 薰衣草藍	⑨ 薄荷綠	⑩ 孔雀綠
⑪ 檸檬黃	⑫ 香檳金	⑬ 玫瑰棕	⑭ 可可棕	⑮ 草莓粉
⑯ 薄霧灰	⑰ 天空灰	⑱ 老鼠灰	⑲ 月光石	⑳ 棉花糖

運用於穿搭時

- 適合藍色系更勝於綠色系。
- 選擇海軍藍及灰色調會更容易營造整體感。
- 不擅駕馭深棕色或米色系，盡可能不要選擇帶黃感的顏色。

適合的基本色

5　12　13　16　19　20

適合的點綴色

2　10　11　15

色彩配搭方式見 P. 62

Autumn

【 秋季型 】

溫暖濃郁的色彩
令人聯想到秋天

膚色及髮色偏暗黃又深的人，基因色彩屬性為秋季型，適合帶黃色調的濃郁色系。若要選擇藍色系服飾，以略帶黃色調的顏色為佳。相較同樣黃色基調的春季型的人（▼P.52），較適合濃郁深沉的顏色。

臉部特徵

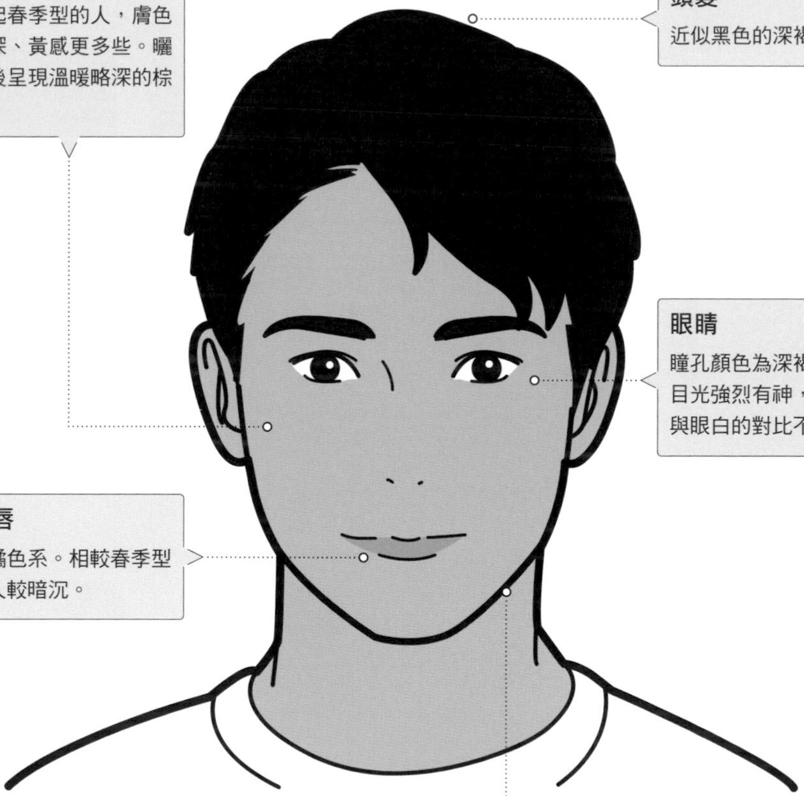

皮膚
比起春季型的人，膚色略深、黃感更多些。曬黑後呈現溫暖略深的棕色。

頭髮
近似黑色的深褐色。

眼睛
瞳孔顏色為深褐色系。目光強烈有神，黑眼珠與眼白的對比不強。

嘴唇
偏橘色系。相較春季型的人較暗沉。

鬍渣
偏黑色而非青綠色，易顯暗沉。

適合的顏色

秋天

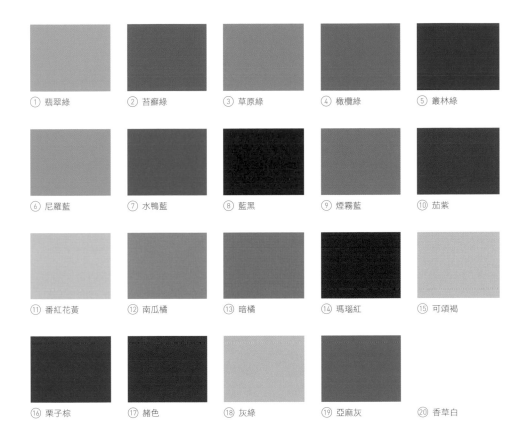

① 翡翠綠　② 苔蘚綠　③ 草原綠　④ 橄欖綠　⑤ 叢林綠

⑥ 尼羅藍　⑦ 水鴨藍　⑧ 藍黑　⑨ 煙霧藍　⑩ 茄紫

⑪ 番紅花黃　⑫ 南瓜橘　⑬ 暗橘　⑭ 瑪瑙紅　⑮ 可頌褐

⑯ 栗子棕　⑰ 赭色　⑱ 灰綠　⑲ 亞麻灰　⑳ 香草白

運用於穿搭時

- 適合綠色系更勝於藍色系。
- 選擇褐色、米色、卡其色調會比黑白單一色調更容易營造整體感。
- 不擅駕馭海軍藍及灰色，盡可能選擇深黃色調的顏色。

適合的基本色

2　8　15　17　19　20

適合的點綴色

7　10　13　14

➤ 色彩配搭方式見 P. 62

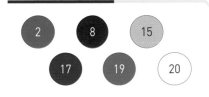

Winter

【 冬季型 】

臉部特徵

颯爽分明的色彩令人聯想到冬天

屬性為冬季型的人膚色帶點冷色調且具透明感，特徵是瞳孔與髮色皆烏黑。適合清楚分明的色系。相較同樣帶藍色基調的夏季型的人（▼P.54），更善於駕馭深淺分明的顏色。

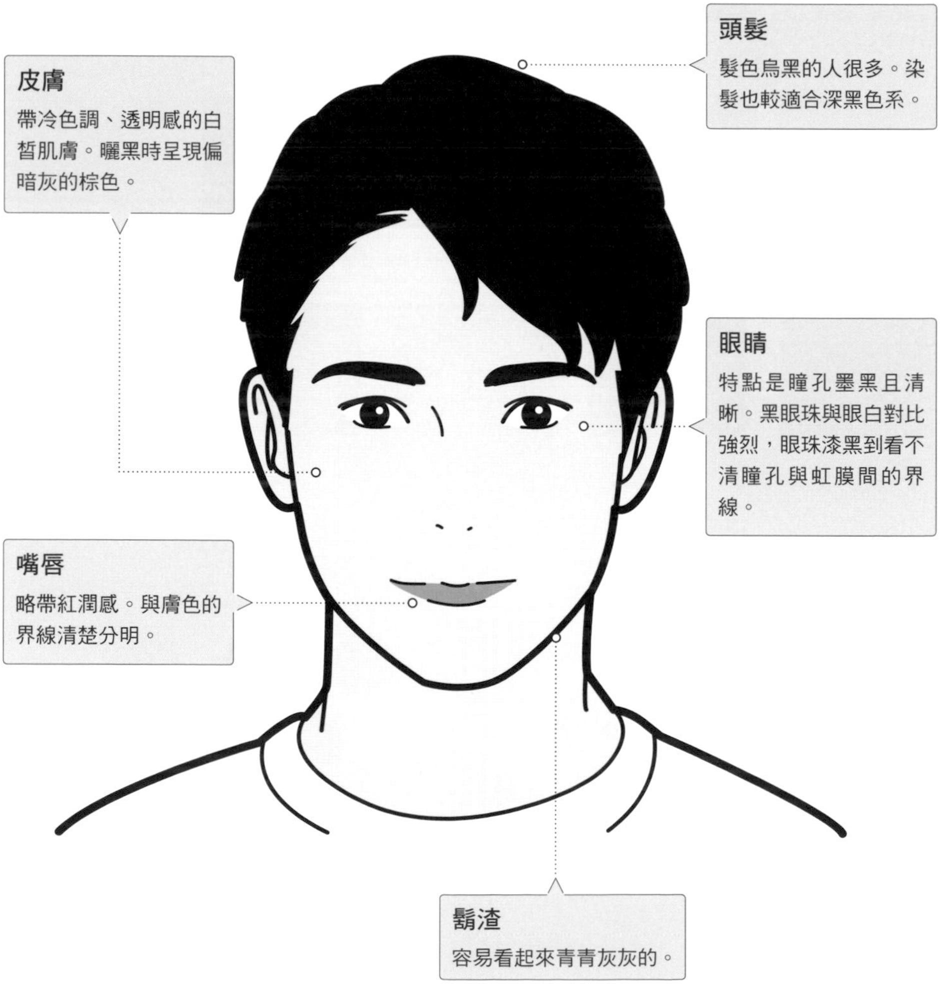
頭髮
髮色烏黑的人很多。染髮也較適合深黑色系。
皮膚
帶冷色調、透明感的白皙肌膚。曬黑時呈現偏暗灰的棕色。
眼睛
特點是瞳孔墨黑且清晰。黑眼珠與眼白對比強烈，眼珠漆黑到看不清瞳孔與虹膜間的界線。
嘴唇
略帶紅潤感。與膚色的界線清楚分明。
鬍渣
容易看起來青青灰灰的。

適合的顏色

冬天

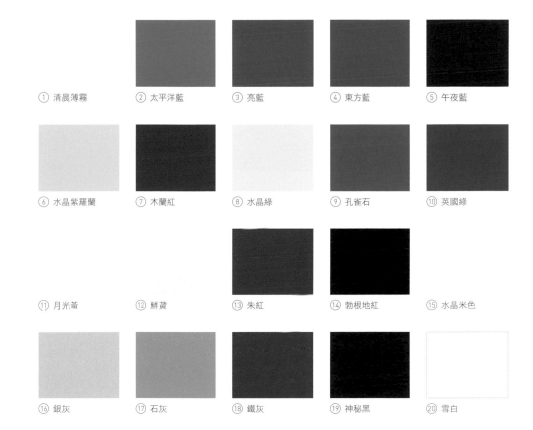

① 清晨薄霧　② 太平洋藍　③ 亮藍　④ 東方藍　⑤ 午夜藍

⑥ 水晶紫羅蘭　⑦ 木蘭紅　⑧ 水晶綠　⑨ 孔雀石　⑩ 英國綠

⑪ 月光黃　⑫ 鮮黃　⑬ 朱紅　⑭ 勃根地紅　⑮ 水晶米色

⑯ 銀灰　⑰ 石灰　⑱ 鐵灰　⑲ 神秘黑　⑳ 雪白

運用於穿搭時

- 適合黑、白、灰階色調。
- 無論藍色或綠色系，只要色彩清晰分明都適合。
- 不擅駕馭褐色及米色系。

適合的基本色

5　14　16

18　19　20

適合的點綴色

2　9　12　13

色彩配搭方式見 P.62

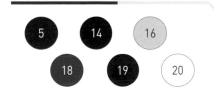

基因色彩別

區別適合的色彩

即便以「藍色」一詞泛指，當中也有著微妙的色調差異。

讓我們細分區別色調，以了解自己適合的顏色。

深藍色系

黃感低的深藍色 ▷	Autumn ⑧	Spring ⑥	◁ 帶點黃感的亮藍色
不帶黃感的深藍色 ▷	Winter ⑤	Summer ⑤	◁ 不帶黃感的深藍色

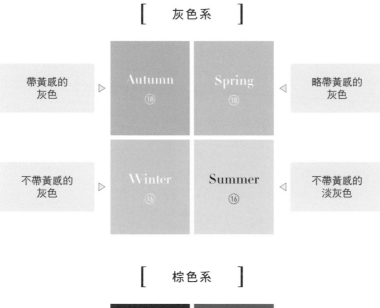

灰色系

帶黃感的灰色 ▷	Autumn ⑱	Spring ⑱	◁ 略帶黃感的灰色
不帶黃感的灰色 ▷	Winter ⑯	Summer ⑯	◁ 不帶黃感的淡灰色

棕色系

帶黃感的深棕色 ▷	Autumn ⑰	Spring ⑬	◁ 明亮的棕色
不帶黃感的深棕色 ▷	Winter ⑭	Summer ⑬	◁ 黃感低的淺棕色

[綠色系]

帶黃感的深綠色 ▷	Autumn ⑤	Spring ②	◁ 明亮鮮豔的綠色
黃感低的深綠色 ▷	Winter ⑩	Summer ⑩	◁ 透著藍色調的綠色

[藍色系]

接近綠色的藍色 ▷	Autumn ⑥	Spring ⑤	◁ 接近綠色的亮藍色
不帶黃感的深藍色 ▷	Winter ③	Summer ③	◁ 不帶黃感的亮藍色

[米色系]

帶黃感的深米色 ▷	Autumn ⑮	Spring ⑩	◁ 帶黃感的明亮米色
不帶黃感的淺米色 ▷	Winter ⑮	Summer ⑫	◁ 黃感低的米色

[紅色系]

予人沉穩感的磚紅色 ▷	Autumn ⑭	Spring ⑰	◁ 帶黃感的亮紅色
不帶黃感的豔紅色 ▷	Winter ⑬	Summer ⑮	◁ 爽朗明亮的紅色

時裝造型中融合色彩的方法

時裝造型中運用的色彩分為基本色和點綴色。
了解這兩種色彩的運用方式，就能夠在穿搭中活用適合自己的顏色。

color image色彩形象

Autumn
【 秋季型 】
Spring
【 春季型 】
Winter
【 冬季型 】
Summer
【 夏季型 】

Step 1 ▶ 首先蒐集基本色服飾

所謂基本色是例如海軍藍、灰色、棕色等容易與任何顏色匹配的色彩。蒐集基本色服飾後相互配搭就簡單多了。這時請確保你不只有海軍藍及棕色，盡量準備深、淺不同色系才能豐富造型變化。

Point　**含納兩～三種不同的基本色相互配搭，就能展現好品味。**

NG　全身只有一種或四種顏色以上會很怪異。

color image色彩形象

Autumn
【 秋季型 】
Spring
【 春季型 】
Winter
【 冬季型 】
Summer
【 夏季型 】

Step 2 ▶ 熟悉基本色配搭後再添加其他配色

在穿搭中組合基本色熟能生巧後，便可以嘗試添加其他顏色。由於點綴色的存在感較強，盡可能運用在小面積上較不容易失敗。此外，為避免與其他顏色衝突，以一種顏色為基底色，再加上帽子、鞋子和圍巾等小配件就能顯得優雅。

Point　**將點綴色運用在內搭上衣或配件上融合效果會很好。**

NG　使用兩種以上的點綴色容易顯得輕浮稚氣。

關於黑白單色穿搭○●

男裝很多都是黑、白色系，無論個人基因色彩屬性為何，這兩色都是不錯的顏色。只不過，黑色尤其容易顯得臉色黯淡無光，除了冬季色彩的人，否則建議運用於較小範圍或遠離臉部的下半身服飾上。

第3章

依據骨架類別挑選適合的基本單品及穿搭

視三種骨架類型而定，為大家嚴選並介紹易於穿搭的基本服飾單品。

實穿服飾的挑選方法

在此解說「挑選服飾的方法」，如何省時、省錢又省力打造清爽又時尚的造型？只要挑選真正實穿的衣物，穿搭自然就如魚得水了。

【熟男選擇服飾的條件】

☐ 挑選「適合自己」的服飾
→ 依據骨架分析選擇適合自己的單品，就能將身材隱惡揚善，立刻變得高尚優雅。

☐ 把握恰到好處的「尺寸感」
→ 你可以選擇合身的尺寸，也可以根據骨架類型挑選適合的剪裁。同樣M尺寸的衣服，合身度可能會因製造商而異，務必試穿後再行選擇。

☐ 挑選「基本款」
→ 設計與顏色過於奇特的服飾穿搭不易，甚至還可能看起來土裡土氣。挑選基本款單品，能打造高好感度的造型。

☐ 選擇「正式得體」的服飾
→ 隨著年齡增長，休閒感太強的服裝容易顯得散漫邋遢。透過襯衫與外套這類較莊重正式的單品，可塑造出乾淨、成熟又穩重的造型。

Step 1 蒐集 12 件適合自己的基本單品

只要有 12 件基本命定單品就 OK！
不僅有利穿搭，也不會受流行左右，耐看耐穿。

Step 2 了解適合自己的外套與配件

蒐羅適合自己的外套與配件吧。
只要挑選與任何衣服都能搭配的基本單品，
即便數量不多也沒問題。

Step 3 了解如何相互搭配命定單品

將端莊正式的單品搭配得宜，
就能打造出成熟又清爽的造型。
因為全是適合自己的衣物，
穿搭起來相襯又得體。

Straight	Wave	Natural
直筒型	波浪型	自然型
P.104	P.120	P.136

挑選材質和尺寸極為重要，認清骨架類型之間的差異

可單穿、也可多層次搭配的短袖T恤是所有骨架類型都合適的必備單品。不過，視骨架類型而定，適合的材質與剪裁各有不同。直筒型應挑選厚實的布料且寬鬆度適中的尺寸；波浪型則善於駕馭合身的剪裁；自然型則應挑選略帶粗獷感且寬大的剪裁。

追求正式風格時

外搭襯衫或外套顯得莊重

搭配正式的襯衫或外套，造型便不至於太過休閒，顯得乾淨清爽。

追求休閒風格時

連帽T或外套加上正式的鞋子與包包

加上連帽T或外套多層次穿著。搭配帶點正式感的配件便不會顯得散漫邋遢。

Straight
直筒型

鬆度適中的尺寸×厚實布料

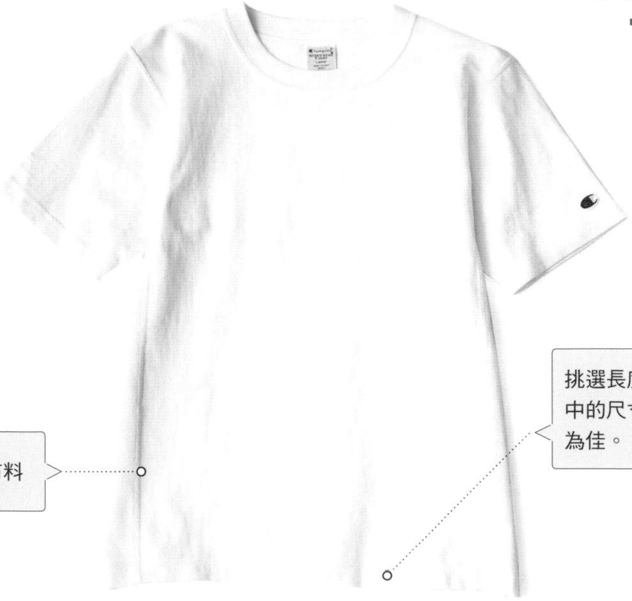

厚實且硬挺的布料

挑選長度及寬鬆度適中的尺寸，及腰長度為佳。

NG
□ 材質輕薄且合身的款式

Champion

Wave
波浪型

符合身型的布料×合身剪裁

挑選像是聚酯纖維混紡、輕薄柔軟且合身的布料為佳。

尺寸應合身，長度及腰或稍短版都合適。

NG
□ 寬大的款式

FilMelange

Natural
自然型

帶點粗糙感的布料×寬鬆剪裁

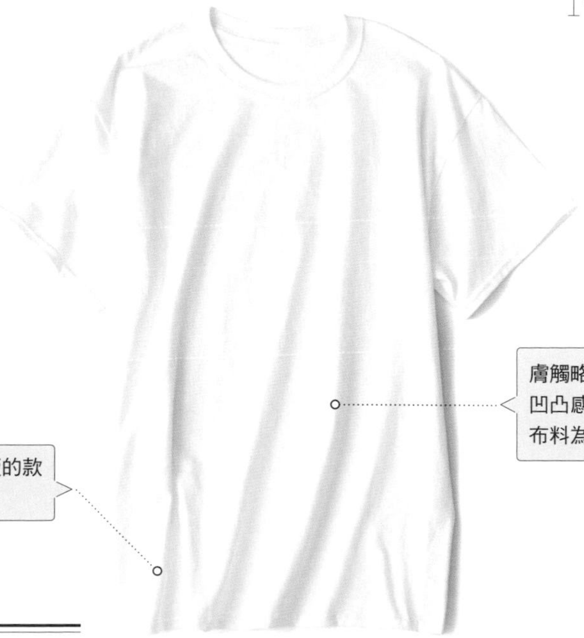

膚觸略粗、表面有點凹凸感、棉麻混紡的布料為佳。

挑選肩線寬、長版的款式穿出率性。

NG
□ 合身的款式

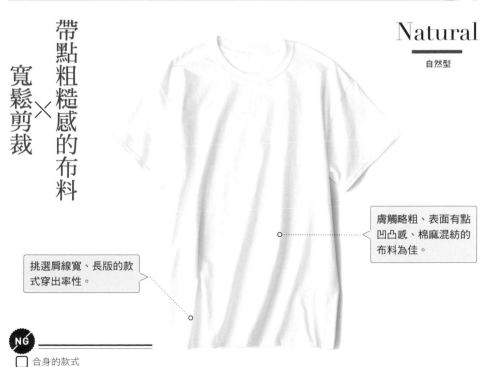

T恤加入適合的花紋、顏色，增添造型變化

白色T恤外，若擁有其他花紋的T恤，穿搭便不至於單調，也能拓展造型的變化幅度。依據骨架類型適合的花樣不一，直筒型適合僅有單一小巧點綴的圖樣；波浪型則適合大圖案花紋；自然型則適合滿版印花款式。

追求正式風格時

T恤外搭件正式的襯衫

穿在正式的襯衫裡頭時，可發揮恰到好處的點綴效果。

追求休閒風格時

利用牛仔褲和連帽T，打造無敵的休閒感造型

搭配一條牛仔褲和連帽T，營造輕鬆率性的氛圍。

重點聚焦的小巧圖案×圓領

Straight

直筒型

挑選胸前有小巧圖樣為重點的設計款式。

推薦圓領款式。

Universal Works.

NG

☐ 令人眼花撩亂的碎花款式

Wave

波浪型

吸睛的印刷圖案×合身設計

擅長駕馭大型圖樣的款式。

尺寸合身，領口盡量高至頸部的款式。

NG

寬鬆的款式

Champion

Natural

自然型

樸拙天然的布料×富個性的滿版花紋

格外適合滿版的大塊圖紋，幾何或是民俗風圖騰都很推薦。

棉麻混紡、表面有點凹凸感如毛巾布之類的布料也很合適。

NG

緊身又具伸縮彈性的材質

PENDLETON

03 長袖套頭衫

選擇適合自己的衣領款式，單穿或搭配其他外衣皆宜

無論單穿或與其他服飾搭配穿著都很活躍的單品。由於衣領樣式眾多，選擇最適合自己的款式吧。直筒型應挑選凸顯修長頸部的高領款式；波浪型最適合船領；自然型則善於駕馭領口開扣的亨利領。

追求正式風格時

搭配外套
穿出氣質滿點的造型

搭配外套和修身正式的長褲高雅質感立現。

追求休閒風格時

搭配牛仔褲
或休閒風長褲

若想走休閒路線，搭配牛仔褲或休閒風的長褲簡約又時尚。

Straight

直筒型

簡約設計×高領

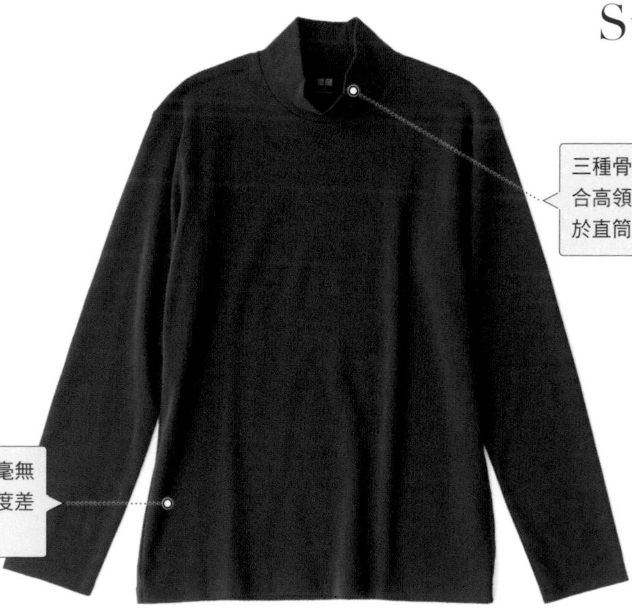

三種骨架類型中最適合高領套頭衫的莫過於直筒型。

適合設計簡單、毫無裝飾的款式。長度差不多及腰為佳。

NG

☐ 七分袖、帶光澤感的布料。

Wave

波浪型

細的橫條紋×船領

藉由船領領口淺的特點修飾胸膛單薄的缺點。

細的橫條紋或直條紋等花樣比起素面服飾更好。

NG

☐ 深V領款式

SAINT JAMES

Natural

自然型

具凹凸感的材質×亨利領

適合有開扣設計、亨利領之類富休閒感的款式。

挑選表面紋路立體、形成自然陰影的棉質或鬆餅格紋等布料。

NG

☐ 合身的款式

FilMelange

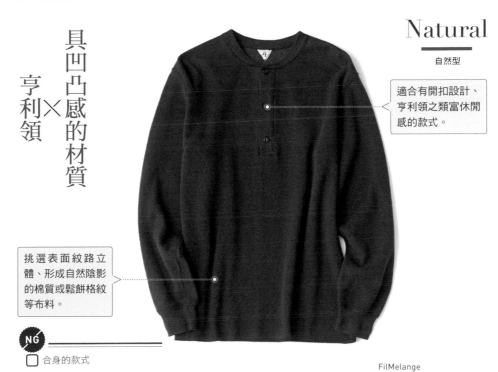

04 短袖襯衫

選擇符合身型的剪裁，同時注意花紋及材質、綴飾的差異

由於短袖襯衫的休閒感很重，要慎選適合自己的單品。直筒型應避免容易顯得稚氣的短袖襯衫，改以俐落穩重的POLO衫為佳；波浪型挑選尺寸合身的款式即可；自然型則建議挑選輕鬆隨性的開襟襯衫款式。

追求正式風格時

搭配正式的下半身即能展現得體莊重的感覺

搭配修身正式的長褲與配件可降低休閒感。

追求休閒風格時

注意避免休閒感過重

單品本身已極具休閒感，注意勿再加諸過多類似風格的衣物以免流於散漫走味。

Straight

直筒型

標準POLO衫×網眼針織等高檔材質

適合素面或有小小LOGO點綴設計的基本款式。

挑選厚實、堅韌的質料。

NG

☐ 材質輕薄的款式。

LACOSTE

Wave

波浪型

排扣及口袋裝飾×窄版剪裁

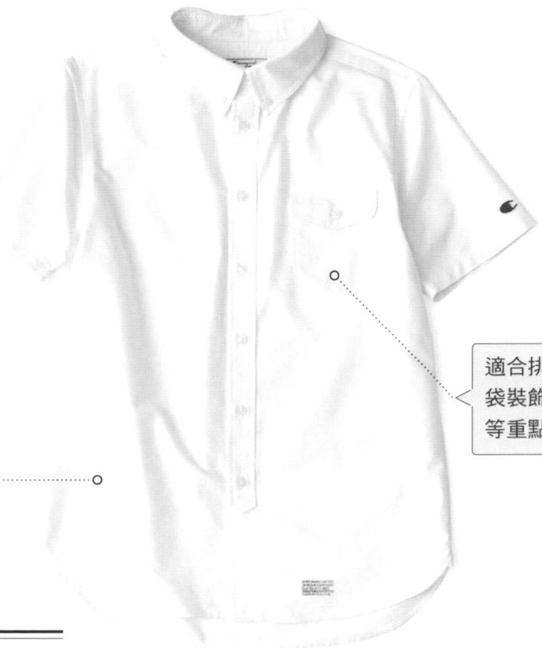

選擇窄版合身的款式。布料則挑選輕薄柔軟的類型。

適合排扣、胸口有口袋裝飾或袖口有縫邊等重點設計的款式。

NG

- [ ] 網眼針織之類具立體感的質料

Champion

Natural

自然型

視覺鮮明的滿版印花×開襟設計

雖然適合滿版圖紋，但要選擇設計不過於奇特且沉穩的色系。

散發率性悠閒氣息的開襟襯衫，格外適合自然型。

NG

- [ ] 衣領拘謹的款式

MEWS

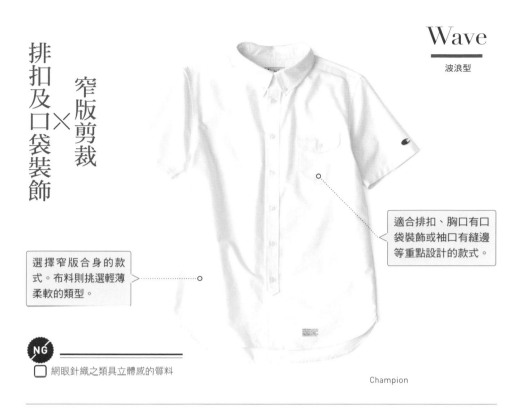

05

正裝襯衫

視搭配的單品而定，適用於各種場合

簡單的長袖襯衫是能展現成熟穩重感的關鍵單品。即使是像牛仔褲這樣休閒的單品，搭配正式得體的襯衫仍舊能顯得莊重。準備一兩件白色與深藍等基本色系的款式，與任何下半身單品都好搭配。

追求正式風格時

搭配外套穿出正式感

搭配正式的西裝褲與外套，轉換不同場合都能自然融入。

追求休閒風格時

活用一件潔淨的純白襯衫為造型增添質感

內搭件 T 恤和休閒風褲款就能展現活潑感又不失莊重。

簡約設計 × 厚棉質

Straight

直筒型

正統且簡單的設計為佳。

適合不容易皺、有點厚度的棉質布料。

NG

☐ 輕薄又柔軟的質料。

Manual Alphabet

Wave

波浪型

輕薄材質×精巧的圓點花紋

挑選輕薄柔軟的布料。領尖扣設計能修飾過長的脖頸線條。

素面或有精巧圖紋等不著痕跡的點綴設計款式都很合適。

NG

□ 硬挺或略帶粗獷感的襯衫

ORIHICA

Natural

自然型

洗舊感的棉質×寬鬆剪裁

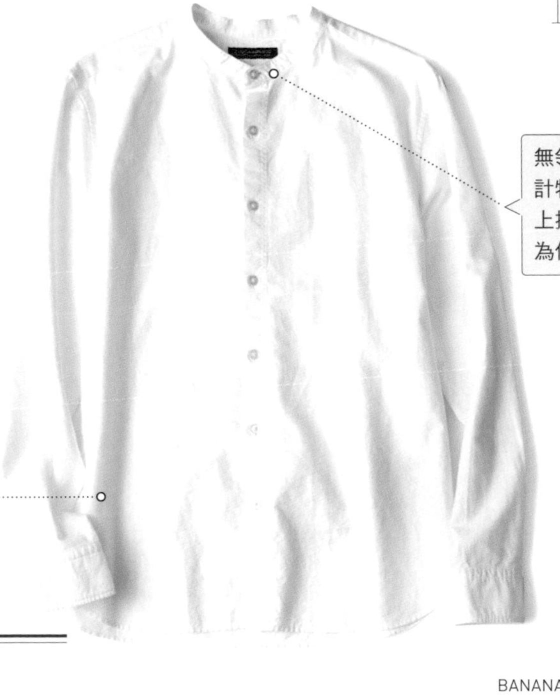

無領葉的微立領設計特別合適。尺寸上挑選寬鬆的款式為佳。

適合略帶皺摺感的厚實布料，例如帶點洗舊感的棉質。

NG

□ 拘謹且束縛的設計

BANANA REPUBLIC

06 休閒襯衫

依據骨架類型顯現出差異的單品

擁有一件休閒設計的襯衫能拓寬穿搭的幅度。

有鑒於休閒襯衫的材質與花紋各式各樣，最好先了解自己的骨架身型合適與否。單穿也行，搭在T恤外頭或針織衫裡頭也行，是一件能豐富造型變化的靈活單品。

追求正式風格時

搭配正式長褲就不會流於邋遢

搭配錐型褲或修身的棉褲，展現大方得體的感覺。

追求休閒風格時

搭配T恤＋牛仔褲萬無一失

疊穿在T恤外頭，再搭件牛仔褲永不出錯。

硬挺的牛仔布料×端正的設計

Straight

直筒型

適合厚實具硬挺度的牛仔布或粗斜紋棉布材質。

未經化學洗色加工、也毫無多餘裝飾設計的款式。

NG

☐ 刷破加工或經化學洗滌脫色的款式。

REMI RELIEF

嘉頓格紋×窄衣領領尖扣設計

Wave
波浪型

適合衣領細窄及領尖扣設計。花紋則挑選細緻的嘉頓格紋為佳。

穿著時差不多露出髖骨、短版且合身的剪裁。

NG

- [ ] 牛仔布或粗斜紋棉布材質

SANDINISTA

軍裝風襯衫×樸實的麻質布料

Natural
自然型

適合肩部有徽章縫飾、胸前有口袋等裝飾的軍裝風襯衫。

挑選帶有樸拙感的麻質布料或聚酯纖維混紡等具休閒感的材質。

NG

- [ ] 過於短版的款式

NYUZELESS

07 連帽棉質上衣

多層次穿搭時優秀的單品，也能穿出正式風格

單穿或當作外套都很好搭配，可讓造型變化萬千的單品。搭件外套和正式的長褲可以打造成熟又不失休閒感的造型。視自己所屬的骨架類型，注意合身度、整體剪裁以及合適的材質，便不會流於稚氣。

追求正式風格時

搭配外套營造洗鍊形象

外搭件颯爽俐落的外套，給人一種自信且自在的印象。

追求休閒風格時

隨性披著都極富休閒感

無論內搭或外穿變化多端，搭配T恤＋牛仔褲是絕不出錯的組合。

Straight

直筒型

厚實平順的布料×帽兜小的款式

直筒型因為脖子較短，挑選帽兜小的款式就沒錯。長度大概及腰為佳。

厚實平順的布料最佳。

Champion

NG

☐ 遮住脖子的大帽兜款式。

Wave

波浪型

輕薄柔軟的材質×帽兜立體的款式

波浪型脖子細長，適合帽兜立體的款式。

適合輕薄柔軟的棉質布料。

NG

☐ 厚重的材質

JOHN SMEDLEY

Natural

自然型

洗舊感且寬大剪裁×連帽套頭長T

適合連帽套頭長 T、剪裁寬鬆的款式。

挑選帶點洗舊、粗糙感的材質以及寬大的剪裁。

NG

☐ 過於緊繃貼身的款式

BEAMS

08 針織衫

選對織紋與衣領形狀，就能找到命定的針織衫

選擇針織衫時，首要注意的是「編織針數」。細毛線編織、針距細密的「高針數針織衫」予人端正得體的感覺；而粗毛線編織、針距疏鬆的「低針數針織衫」予人粗獷的感覺。挑選適合自己骨架類型的衣領便萬無一失。

追求正式風格時

當作內搭上衣
時髦感立現

穿在俐落有型的外套裡，顯現優異的時尚品味。

追求休閒風格時

搭配襯衫享受多層次
穿搭樂趣

內搭襯衫，衣襬和袖口稍微露出裡頭的襯衫，立即躍昇穿搭達人。

質感雅緻的高針數針織衫 × 淺V領

Straight

直筒型

淺V領與襯衫及外套格外相襯。長度大約及腰為佳。

材質高檔的喀什米爾羊毛、棉質或純羊毛的高針數針織衫最優。

NG

☐ 版型過長的款式。

JOHN SMEDLEY

Wave
波浪型

具伸縮性材質×清爽的圓領

挑選圓領能顯得脖子修長。

高或中針數針織衫皆宜，適合像是羅紋針織衫之類具伸縮性的材質。也善於駕馭帶點光澤感的布料。

NG
- 低針數針織衫

BANANA REPUBLIC

Natural
自然型

粗獷感的低針數針織衫×醒目麻花紋

圓領和高領都能駕馭。剪裁以寬鬆為主。

選擇低針數針織的漁夫風毛衣，適合表面有立體凹凸花紋、富粗獷感的款式。

NG
- 輕薄的高針數針織衫

L.L.Bean

09 夾克外套

把握恰到好處的尺寸，選購一件無可挑剔的外套

有別於西裝外套，一般的夾克或外套沒有墊肩及襯裡，率性或正式的風格兩相宜，可謂一件萬用單品。剪裁與尺寸格外重要，以免凸顯體型缺點。直筒型應挑選剛好適中的長度；波浪型則挑選合身、淺衣領的款式；自然型不妨挑選長版款式。

追求正式風格時

透過正式的單品，呈現莊重得體的裝扮

搭配正式的襯衫、長褲和皮鞋，各種場合都能適用。

追求休閒風格時

利用休閒感單品，塑造自信且自在的印象

內搭 T 恤或帽 T，套上休閒風的長褲與球鞋就很活潑大方。

厚實硬挺的材質×基本設計

Straight

直筒型

選擇厚度適中且紮實的羊毛或棉質。

挑選合身尺寸、無多餘裝飾的基本設計款。

NG

☐ 裝飾繁複的設計。

BEAMS

Wave
波浪型

窄身剪裁×淺V領

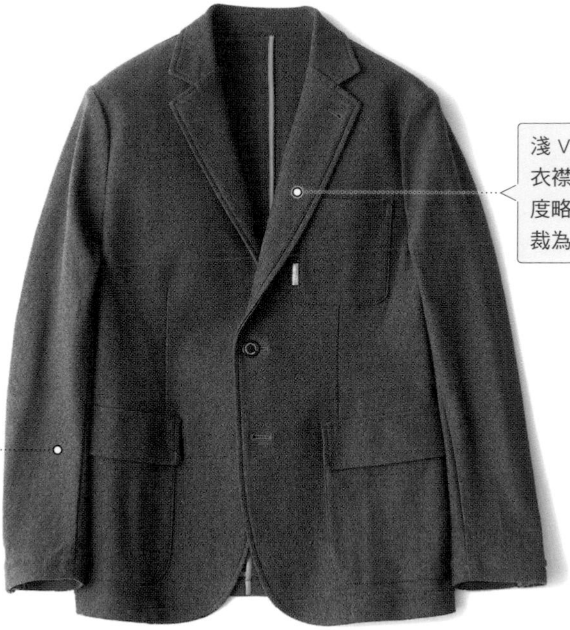

淺V領與細窄的衣襟十分相襯。長度略短且合身的剪裁為佳。

推薦合身、帶點伸縮彈性的質料。

NG
- [ ] 太寬大的剪裁會顯得邋遢

Psycho Bunny

Natural
自然型

質感獨特的燈芯絨×寬鬆剪裁

挑選深V領、整體輪廓寬大的款式。也適合大一點的口袋及袖扣裝飾。

善於駕馭燈芯絨或麻質等富有個性的質感布料。

NG
- [ ] 整體過小的短版款式

注重尺寸和質感，選購一件無懈可擊的款式

牛仔褲這項單品尤其必須挑選符合自己骨架的剪裁。直筒型適合簡單筆直的剪裁；波浪型則善於駕馭窄管褲；自然型穿著如工作褲之類的寬褲型，身材會顯得更好。同時也必須注意刷色與刷破處理的設計是否合適。

追求正式風格時

搭配外套更添高尚感

搭配外套能降低休閒感，營造成熟穩重的造型。

追求休閒風格時

透過深色配件完成時髦造型

利用些深色配件點綴能增添沈穩的感覺，成熟又不失休閒感。

簡單直筒褲型×原色

Straight

直筒型

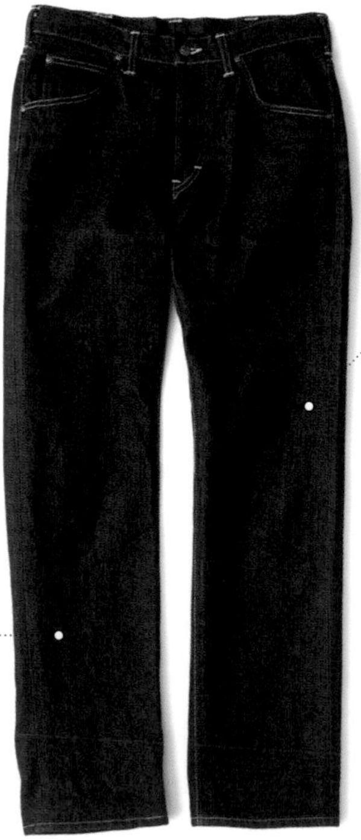

Lee

寬褲與窄管褲型都不適合。挑選簡單基本的直筒剪裁為佳。

直筒型不善駕馭褪色處理的款式，盡量挑選原色或只經一次洗色的牛仔褲。

NG

☐ 將褲管反折捲起。

Wave
波浪型

窄管褲型×適度刷色

挑選經過適度洗滌脫色、刷色漂亮的款式。

適合修身窄管等細長褲型，帶點伸縮彈性的材質也不錯。

NG

□ 寬版褲型

RED CARD exclusive for ABAHOUSE

Natural
自然型

寬版褲型×刷破加工

適合類似工作褲之類的寬大剪裁。褲管捲起效果也不錯。

自然型穿著破損及刷色加工處理的牛仔褲也不會感覺土氣。

NG

□ 貼合身型的剪裁

OMNIGOD

11 正式長褲

與休閒風服飾相容性佳，重複穿搭性高的單品

棉質或羊毛材質等正式的長褲是熟男私服的核心單品。不僅能搭配外套等正式單品，與針織衫或套頭衫等休閒單品也意外地好搭。只要依據自身骨架類型選擇剪裁、褲管設計上合適的款式，就能創造俐落洗鍊的印象。

追求正式風格時

與西裝略有不同的優雅風格

混搭外套或襯衫，可以創造出比西裝造型更巧妙的高雅風格。

追求休閒風格時

能與色彩繽紛的上衣相互組合

搭配休閒襯衫、針織衫或套頭衫，就能營造乾淨清爽的休閒感造型。

筆直流暢的剪裁×中線打褶款式

Straight

直筒型

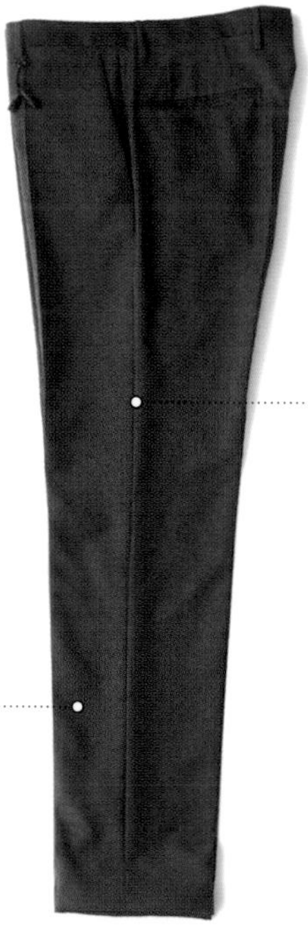

中線打褶的款式效果很好，避免將褲管反折。

挑選褲管寬窄適中、輪廓筆直的直筒褲型。以素面款式為佳。

NG

☐ 褲腳反折

INCOTEX

Wave

波浪型

窄管錐形褲×褲腳無反折

善於駕馭有伸縮彈性的材質。推薦窄管、合身的錐形褲款。

褲管筆直順暢、褲腳不反折的款式感覺比較正式，但反折捲起也可。

NG

☐ 寬版褲型。

COMME CA MEN

Natural

自然型

寬鬆剪裁×褲腳反折

挑選整體剪裁寬鬆的款式。不僅只是褲管寬鬆，腰際有雙打褶的設計更好。

適合褲腳反折、格紋等略帶休閒感的設計。

NG

☐ 細窄褲型

blazer's bank.com

12 休閒長褲

利用合於自身骨架的褲款，營造不失禮的裝扮

休閒褲的材質與設計包羅萬象，如卡其褲、羊毛、燈芯絨材質、錐型褲、工作褲等。穿著不合自身骨架的款式，容易顯得土氣又邋遢，因此要格外注意材質、設計和尺寸，挑選最適合自己的款式。

追求正式風格時

透過正式的單品，打造洗鍊俐落的裝扮

搭配正式的襯衫、外套與皮鞋，就能展現恰如其分的優雅感。

追求休閒風格時

藉由正式的配件，抑制過度的休閒感

儘管休閒長褲與任何上衣都合宜，但為了避免過於隨性，搭配些正式的配件較佳。

基本設計的卡其褲 × 厚實硬挺材質

Straight

直筒型

選擇不要太寬的直筒褲型。避免太貼身或鬆垮的款式無法修飾身材。長度剛好及踝最好。

棉質的挺度與厚度適中，挑選設計基本的款式為佳。

SANDINISTA

NG

- [ ] 鬆垮飄逸的褲型。

Wave
波浪型

伸縮彈性材質×窄管褲

貼合腿部的窄管褲為佳。挑選口袋設計低調、筆直俐落的款式。

挑選合身型、具伸縮彈性的質料。

NG
- [ ] 硬挺材質。

SANDINISTA

Natural
自然型

表面具凹凸感的設計×寬大的工作褲

側邊有大口袋及拼接縫製等具存在感的設計效果不錯。適合剪裁寬大的款式。

適合有點皺折、洗舊感、略顯粗獷的材質如 100% 棉質或聚酯纖維混紡布料。

NG
- [ ] 窄管又過於簡約的設計

大衣

春、冬季各準備一件，選擇適合自己的設計

建議春、冬季各準備一件不同材質的大衣，能搭配西裝的款式更好。由於大衣的設計形形色色，務必搞清楚自身骨架合適與否再購入，同時也應注意材質與尺寸感。只要挑選符合自身骨架類型的基本款，就能不受流行左右、長久耐穿。

追求正式風格時

善用正式的單品相互搭配

搭配正式的襯衫與長褲是不二法門。不想過於拘謹嚴肅的話，可搭配帶點休閒風格的皮鞋與包包。

追求休閒風格時

藉由正式的配件，營造成熟的休閒風格

搭配牛仔褲或休閒長褲絕不出錯。皮鞋和包包則選擇較具正式感的款式，增添些成熟穩重感。

基本款風衣×無光澤感布料

Straight

直筒型

最適合基本款風衣。長度短於膝蓋為佳。

選擇無光澤感、材質高雅正式的款式。

NG

☐ 短版風衣。

BANANA REPUBLIC

短而修身的剪裁×領口偏高的設計

Wave

波浪型

推薦剪裁修身的立領大衣。材質則挑選輕薄棉質或聚酯纖維混紡布料。

選擇大概到大腿長度的款式。

NG

☐ 及膝長度款式

MACKINTOSH LONDON

寬大的軍裝風外套×立體連帽設計

Natural

自然型

軍裝風外套唯獨適合自然型。挑選霧面且帶點粗獷感的材質為佳。

盡可能挑選簡單、基本的色系，較易與西裝搭配。

NG

☐ 正式且具光澤感的布料

Schott

高級羊毛切斯特大衣×標準剪裁

Straight
直筒型

直筒型適合標準領大衣，挑選深度適中的V領且能露出膝蓋的長度。

適合面料平滑、質感優異、略帶光澤感的高級羊毛材質。

NG

☐ 衣領窄小拘束的設計。

URBAN RESEARCH

適合的大衣設計

◎ 尤其適合
○ 適合
△ 不大適合

	立領大衣	軍裝大衣	牛角扣大衣	雙排扣大衣	切斯特大衣	風衣
直筒型	○ 挑選羊毛材質及正式款式	△ 簡單設計	△ 簡單設計	○ 簡單設計	◎	◎
波浪型	◎	△ 合身剪裁	○ 合身剪裁	◎ 合身剪裁	△ 短版	○ 短版
自然型	△ 寬大剪裁	◎	◎	○ 寬大剪裁	△ 寬大剪裁	○ 長版

Wave
波浪型

短版且合身×雙排扣設計

挑選帶點光澤感、正式的羊毛雙排扣大衣。

整體應合身，短版看起來身材比較好。

NG

☐ 寬大的 V 領

BANANA REPUBLIC

Natural
自然型

休閒風設計×牛角扣大衣

挑選帽兜寬大、立體，剪裁富粗獷感能穿出率性的設計。

適合以壓縮羊毛經磨毛處理、厚實的梅爾頓羊毛材質。木製牛角扣及繩扣也以天然材質為佳。

NG

☐ 細節感覺廉價的款式

GLOVERALL

休閒外套

洋溢運動風的設計 能輕鬆穿搭的單品

擁有一件運動風外套，不僅能隨意率性披穿，還能拓展穿搭變化幅度。由於是容易流於一般的服飾單品，務必了解自身骨架合適與否。為避免看起來輕浮稚氣，盡可能選擇質感好、設計簡約的款式。

追求正式風格時

利用畫龍點睛的配件收斂整體造型

僅在皮鞋、包包、帽子等配件上做些改變，就能營造正經的觀感。

追求休閒風格時

搭配些正式單品抑制過重的休閒感

這項單品的休閒味十足，搭配正式的長褲及針織衫就能創造優雅的時尚感。

平滑精美的材質 × 簡約設計

Straight

直筒型

選擇連帽帽兜小、無多餘裝飾、設計簡約清爽的款式。
選擇不易起皺、厚實又俐落的材質。

NG

☐ 花俏繁複的設計

COLUMBIA BLACK LABEL

Wave

波浪型

柔軟刷毛材質×重點強調設計

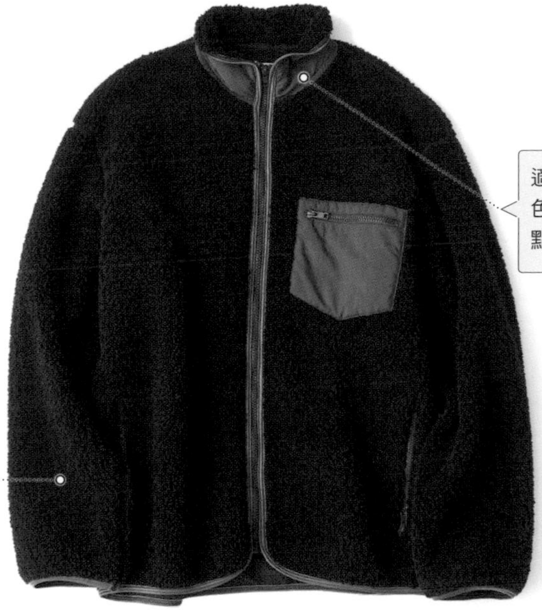

適合剪裁合身、有色彩鮮艷的縫邊等點綴重點的設計。

波浪型骨架者善於駕馭刷毛材質。勿選擇粗硬刷毛而是材質柔軟的款式。

NG

☐ 刷毛粗硬的材質

COSEI

Natural

自然型

尼龍材質×寬大剪裁

尼龍材質的教練夾克款式效果佳。

挑選略寬大的尺寸，衣襬束繩不綁緊，寬鬆地穿著搭配靈活度較高。

NG

☐ 袖口與衣襬感覺拘束的款式

SUPERTHANKS

帽子&眼鏡

選擇質感優異、設計及材質適合自己的單品

對於不習慣蓋住頭頂的人，帽子可能是個有點心理障礙的配件，但其實是熟男都該擁有的一項單品。簡約的造型中加頂帽子，頓時就顯露高度品味，而且還能修飾頭型，掩蓋雜亂無章的頭髮效果也很好。不過皺巴巴的帽子容易顯邋遢，盡可能選擇外觀整齊堅挺、質感優異的款式。

至於眼鏡，適合的鏡框材質和大小等也視骨架類型而定。鏡框形狀很大程度取決於個人五官的形狀和位置，務必先試戴看看再挑選能融合臉部特徵的款式。

Straight
直筒型

簡單基本的設計
善於駕馭設計簡單且基本的棒球帽和高針數針織毛帽，針織毛帽最好勿反折穿戴。

無多餘裝飾、設計端正的款式
挑選鏡框不要太厚、無繁複裝飾的金屬材質。墨鏡也是盡可能挑選裝飾少的簡約款式為佳。

棒球帽／New Era®、針織毛帽／造型師私物、眼鏡／OLIVER PEOPLE WEST、墨鏡／Ray-Ban

Wave

波浪型

質感輕盈的鏡框

適合材質輕盈、粗細適中的塑料鏡框。墨鏡挑選原則也相同。

簡潔洗鍊的設計

推薦設計端正的工作帽與略帶正式感的中針數針織羅紋毛帽。

工作帽／造型師私物、針織毛帽／CPH、
眼鏡／OLIVER PEOPLE WEST、墨鏡／Ray-Ban

Natural

自然型

富設計感的款式

玳瑁鏡框感覺高雅。自然型骨架者尤其善於駕馭反射鏡面的墨鏡之類等誇張設計。

打造成熟風格的造型

能將報童帽穿戴出成熟感是自然型骨架者的特權。針織毛帽則挑選低針數針織款式。

報童帽／CPH、
針織毛帽／造型師私物、
眼鏡／OLIVER PEOPLE WEST、
墨鏡／OAKLEY

圍巾&皮帶

不著痕跡地展露造型重點

像圍巾、披巾這類單品，圍裹在臉部周圍，其實意外地能製造深刻印象。熟男挑選圍巾的鐵則是選擇高級的材質。事先了解適合自身骨架的材質和設計更能事半功倍。直筒型應選擇無流蘇綴飾的款式；波浪型則挑選窄而短的款式；自然型則適合大面積且附帶流蘇的款式。

至於皮帶，棕色或黑色皮革材質較能顯露高雅質感。針對直筒型以外的人，推薦麂皮、編織等帶點休閒感的材質。皮面有壓紋設計的款式傾向適合自然型，避開鉚釘設計以免看來吊兒啷噹。

Straight

直筒型

簡單的設計

挑選寬窄適中、設計簡潔的款式。質感好的皮革與銀色的皮帶扣相得益彰。

高級材質＋寬版設計

選擇喀什米爾羊毛等高檔材質。適合厚實且大面積的圍巾，避免難以駕馭的流蘇款式。

皮帶／COMME CA MEN、圍巾／造型師私物

Wave

波浪型

輕薄的高針數針織圍巾

羊毛、棉質、聚酯纖維之類的材質都合適，以輕薄的高針數針織款式為佳並挑選長度偏短、簡潔俐落的設計。

材質柔軟的細窄皮帶

挑選窄版的設計。質感精美的皮革、柔軟的麂皮和尼龍材質都適合。

皮帶／ CROWDED CLOSET、圍巾／ JOHN SMEDLEY

Natural

自然型

可率性圍裹的大條圍巾

推薦類似披巾的大面積款式。富休閒風的格紋和流蘇綴飾都十分適合。

適合寬版皮帶

編織、壓紋設計及皮革和帆布材質都適合。挑選寬版、帶粗獷感的款式。

皮帶／ MONSIEUR NICOLE、
圍巾／ JOHNSTONS

包包

準備兩款適合自己的包包

說到熟男的休閒包款，首先擁有兩款便能無往不利。依據用途可區分斜背與後背包兩款。挑選重點是迴避鮮艷色系，以黑、棕、卡其、深藍色等沉穩色系為主，盡量選擇質感精美的材質，就能打造出好品味的休閒穿搭。

與體型匹配與否的關鍵在於材質和大小。儘管平時不帶包包的人不在少數，但將皮夾和鑰匙塞在褲子口袋鼓鼓的難免給人邋遢印象，最好還是選購幾個適合自己的包款。

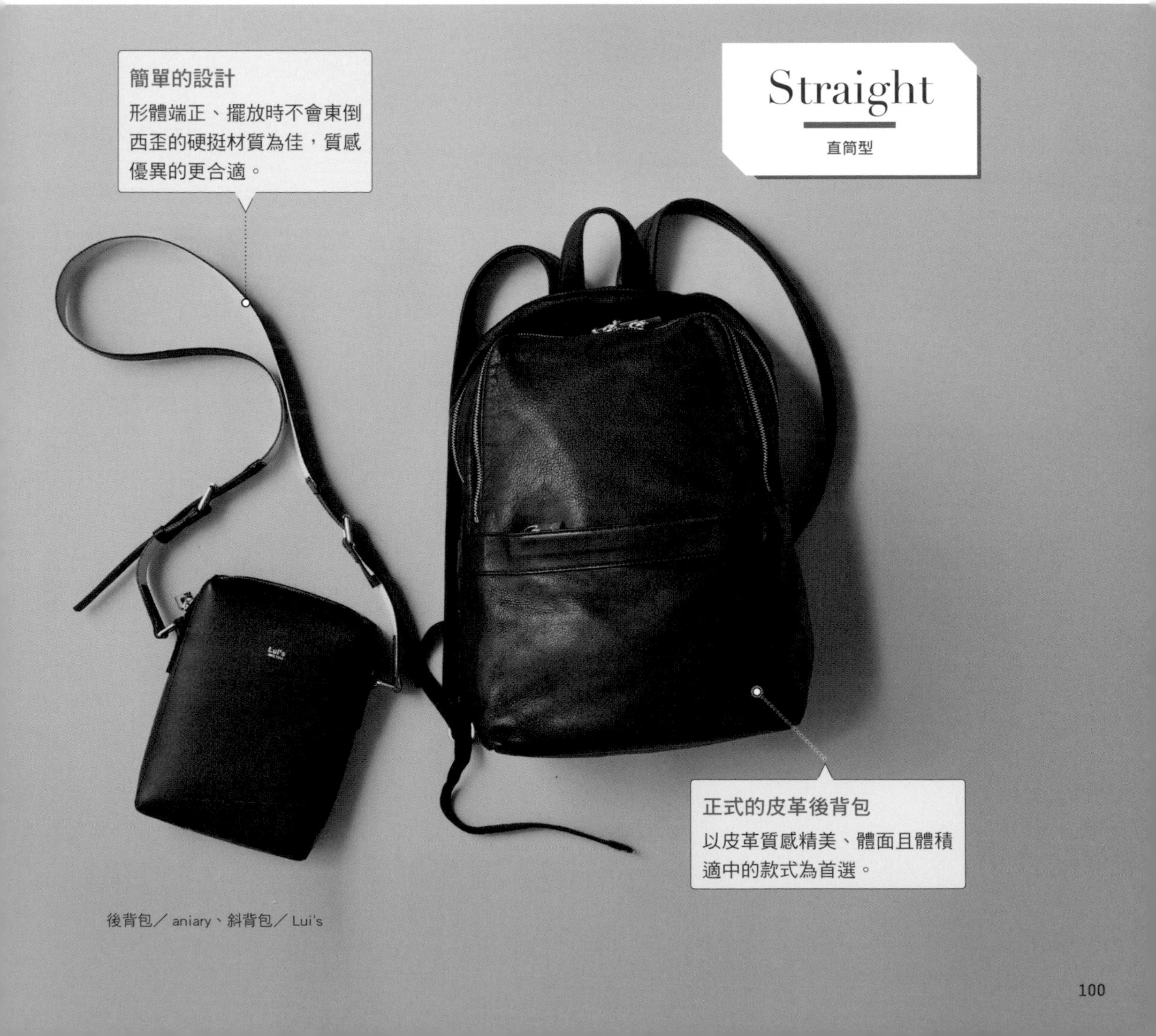
簡單的設計
形體端正、擺放時不會東倒西歪的硬挺材質為佳，質感優異的更合適。
Straight
直筒型
正式的皮革後背包
以皮革質感精美、體面且體積適中的款式為首選。

後背包／aniary、斜背包／Lui's

Wave
波浪型

善於駕馭麂皮材質
波浪型格外能駕馭柔軟的麂皮材質。適合偏小型的斜背包，圓弧造型勝過四方形的設計。

尼龍材質的後背包
選擇底部深度窄的款式。以尼龍或聚酯纖維等不會太剛硬的材質最佳。

後背包／BRIEFING、斜背包／PELLEMORBIDA

Natural
自然型

皮革斜背郵差包
特別適合富洗舊感的皮革包款，像是不收邊的設計也不錯。盡可能挑選體積大一點的款式。

帆布材質的後背包
自然型者尤其適合帆布材質。選擇大體積、存在感高的款式。

後背包／PORTER、斜背郵差包／LL.Bean

鞋子

高質感的皮鞋與球鞋各一雙即面面俱到

鞋子也應備妥幾雙適合自己的款式，皮鞋和球鞋起碼應各有一雙，穿搭時便萬無一失。

如果只買一雙皮鞋，務必挑選質感好、設計簡單的款式較好搭配衣服。視骨架類型而定，適合的皮革質感各有不同，雖然正式得體的皮面與任何骨架皆適宜，但細節設計相襯與否還是有程度分別，例如波浪型建議麂皮材質為佳。

球鞋亦然，若備有一雙簡單的基本款就無往不利。避免挑選設計浮誇或鮮艷色系及休閒感過重的款式，以免搭配困難。

Straight

直筒型

U 型楦頭皮鞋

U 字型拼接縫製的圓弧尖頭皮鞋感覺嚴謹適合直筒型。挑選霧面皮革材質為佳。

標準基本款球鞋

選擇設計簡單的基本款，以及不易產生皺摺或變形、紮實的材質，並挑選穿搭起來不突兀的沉穩色系。

球鞋／New Balance、皮鞋／Jalan Sriwijaya exclusive for ABAHOUSE

Wave
波浪型

麂皮短靴
麂皮的柔軟質感在波浪型身上效果很好。低筒或高筒都無妨。設計簡單的款式較容易搭配。

低筒球鞋
合腳型的低筒球鞋呈現恰到好處的休閒感，特別適合波浪型。乾淨清爽的白色系與服飾較好搭配。

球鞋／VANS、短靴／造型師私物

Natural
自然型

楦頭圓潤的繫帶皮鞋
自然型雖然適合粗獷的設計，但皮面具正式感的款式較易搭配。挑選鞋型大而圓潤的繫帶皮鞋尤佳。

高筒球鞋
帆布材質的高筒球鞋最適合自然型。以純白和米白色系為主較好搭配。

皮鞋／RED WING、球鞋／CONVERSE

混搭最適合自身的單品
打造出最佳造型

基本單品

1 白T恤
▷P.66

2 圖紋T恤
▷P.68

3 長袖套頭衫
▷P.70

4 短袖襯衫
▷P.72

5 正裝襯衫
▷P.74
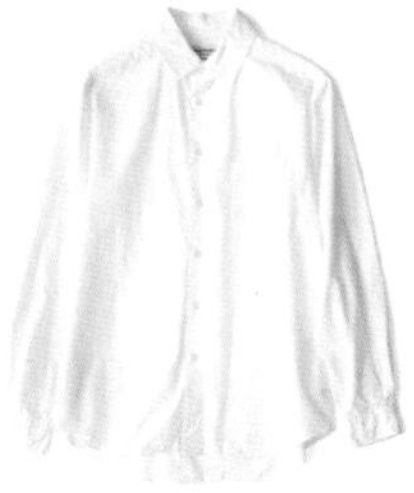

6 休閒襯衫
▷P.76

7 連帽棉質上衣
▷P.78

8 針織衫
▷P.80

⑩ 牛仔褲
▷ P.84

⑨ 夾克外套
▷ P.82

⑫ 休閒長褲
▷ P.88

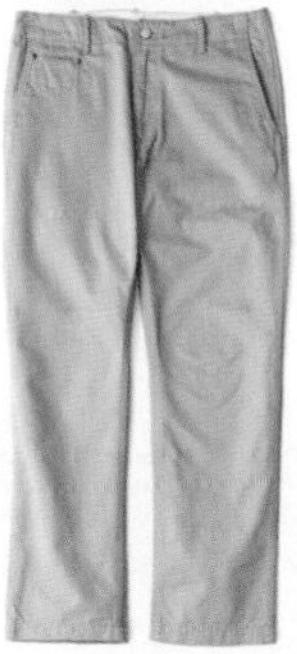

⑪ 正式長褲
▷ P.86

[外套、大衣・配件]

圍巾・皮帶
▷ P.98

帽子・眼鏡
▷ P.96

大衣

▷ P.90

▷ P.92

鞋子 ▷ P.102

包包 ▷ P.100

休閒外套
▷ P.94

no:01

Point
材質紮實硬挺，即便只
是單穿也很有型。

Point
搭配皮鞋營造正
式感。

基本穿搭造型
就以配件重點點綴

結合 T 恤 × 牛仔褲的簡單造型。搭配皮革或針織材質的配件增添成熟穩重感，就此造型再加件外套也不錯。

no:02

Point
搭配拿手的襯衫做多層次穿搭也很實用。

Point
以皮革後背包創造有質感的休閒風格。

結合彩色單品增添個性及態度

襯衫搭牛仔褲是直筒型的拿手造型。雖然這樣已很有型，但加上色彩活潑的T恤和球鞋更加時尚。

no:03

Point

POLO 衫搭配修身的卡其褲，展現文質彬彬的感覺。

Point

搭配皮鞋稍微降低休閒感。

搭配有型配件以免顯得老氣

POLO 衫 × 卡其褲雖是經典不敗的造型，但容易顯得稍稍老氣，不妨加頂針織毛帽或將針織衫綁在腰際，多點活潑感。

no:04

Point

將拿手的牛仔襯衫當作
外套做多層次穿搭。

Point

以皮革材質的後背包
增添整體造型質感。

將牛仔襯衫
當作外套疊穿

雖然單穿牛仔襯衫即很有型，
但做為外套穿著也別有一番風
味。

no:05

Point

即便只是單穿一件襯衫也很完美。搭配西裝褲更有正式感。

Point

搭配皮鞋是直筒型的得意造型，而且予人高雅的印象。

利用些配件改變造型印象

在襯衫 × 西裝褲這樣經典正式的風格之上，加頂帽子賦予些許休閒感，會更令人印象深刻。

no:06

Point

直筒型擅長駕馭的襯衫 × 高針數針織衫造型。

Point

腳踩一雙經典大方的球鞋，營造恰到好處的休閒感。

多層次穿搭時統合色系就不會流於俗氣

襯衫外加針織衫這樣的多層次穿搭，若能統合色系，會比起內搭白襯衫更能展現穿搭功力。將襯衫袖口反折露於針織衫外會更有型。

no:07

Point

單穿圖紋 T 恤少了點時尚感，不妨外搭件連帽外套。

Point

搭配原色牛仔褲以免休閒感過重。

以 T 恤＋連帽外套完成爽朗陽光的造型

T 恤外搭連帽外套，再搭配一條完美的牛仔褲清爽又大方。選擇顏色活潑的 T 恤可避免造型太樸素單調。

no:08

Point

隱約露出的高領套頭衫
將身材修飾的更好。

Point

搭配皮鞋可降低過重的
休閒感。

將休閒的連帽棉質外套穿出都會時尚感

內搭上衣與褲子同色系，能將連帽棉質外套的休閒感轉化為雅緻的時尚感，營造一股成熟穩重的氣息。

no:09

Point

高針數針織衫內搭 T 恤增添清爽的感覺。

Point

運用皮革材質的配件更提升高雅質感。

整體統一色系創造沉穩內斂的感覺

整體採同色系顯得乾淨俐落。領口隱約露出內搭的白 T 恤更散發一種輕快活潑的印象。

no:10

Point

將連帽登山防風外套拉鍊敞開露出內搭的高領套頭衫。

Point

搭配與戶外運動風格相襯的球鞋。

戶外休閒風單品混搭高領衫的造型

極具休閒感的連帽登山防風外套，搭配高領套頭衫呈現一種俐落幹練的印象。內搭襯衫同樣合適。

no:11

Point

將圍巾隨意掛在肩上
強調直向視覺效果，
看起來簡潔俐落。

Point

搭配運動風球鞋能讓
略微拘謹的夾克裝扮
多了幾分率性。

以牛仔褲搭配外套穿出休閒感

略顯拘謹的外套搭配牛仔褲多了幾分隨性，令整體造型舒適自在。

no:12

Point

外套＋高領套頭衫展現自在又自信的優雅感。

Point

皮革後背包的休閒感恰到好處，能緩和過於剛硬嚴肅的感覺。

正式得體的外套＋褲裝造型

外套 × 西裝褲的穿搭一本正經之餘，內搭高領套頭衫仍比起整套西裝造型活潑些。

no:13

Point

搭配襯衫是直筒型擅長詮釋的正式造型。

Point

透過連帽棉質外套和球鞋營造適切的休閒感。

將切斯特大衣穿出休閒感

切斯特大衣多少給人一種正經八百的感覺，但其實和休閒感單品很好搭配。內搭件連帽棉質外套能營造舒服自在的風格。

no:14

Point

以襯衫＋針織衫的經典不敗之道展現莊重的感覺。

Point

風衣的皮帶留有餘裕地適度綁起，看起來身材會很好。

正式、休閒裝扮皆宜

風衣是直筒型最適合的大衣款式。像這樣的穿搭方式搭配正式的單品或牛仔褲等休閒單品都很協調。

混搭最適合自身的單品
打造出最佳造型

【 基本單品 】

1 白T恤
▷P.67

2 圖紋T恤
▷P.69

3 長袖套頭衫
▷P.71

4 短袖襯衫
▷P.73

5 正裝襯衫
▷P.79

6 休閒襯衫
▷P.79

7 連帽棉質上衣
▷P.79

8 針織衫
▷P.81

⑩ 牛仔褲

▷ P.85

⑨ 夾克外套

▷ P.83

⑫ 休閒長褲

▷ P.89

⑪ 正式長褲

▷ P.87

[外套、大衣・配件]

圍巾・皮帶

▷ P.99

帽子・眼鏡

▷ P.97

大衣

▷ P.93

▷ P.91

鞋子 ▷ P.103

包包 ▷ P.101

休閒外套

▷ P.95

no:01

Point

T恤剪裁若合身，即便只是單穿也不會顯得邋遢。

Point

搭配麂皮材質的配件營造正式得體的感覺。

利用形體小而精實的配件收斂整體造型

造型簡單時，搭配些配件可避免太過樸素單調。藉由形體小而精實的包包收斂整體造型能顯得高雅。在此造型上再加件外套也不錯。

no: 02

Point

印有 LOGO 的 T 恤搭配體面的短袖襯衫可避免稚氣過重。

Point

波浪型也很適合褲管捲起的造型。

將亮彩色系單品當作內搭穿著

雖說波浪型善於駕馭 LOGO 印刷 T 恤，但亮彩色系的衣物難免休閒感較強，穿在裡頭限縮色彩的面積能多些成熟感。

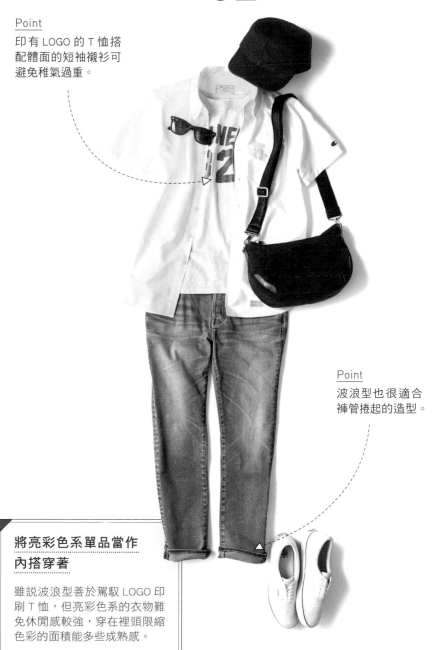

no: 03

Point

白T恤＋花紋襯衫的造型，乾淨清爽。

Point

腳踩雙麂皮短靴能降低幾分休閒感。

將休閒感重的牛仔褲穿出正式感

白T恤外搭件襯衫的話，可讓極富休閒感的牛仔褲裝扮更顯優雅。配件同樣選擇帶點正式感的物品。

no:04

Point

單穿一件波浪型最拿手駕馭的細條紋上衣做為造型主角。

Point

加些配件重點裝飾，避免過於素樸單調。

藉由條紋上衣打造陽光爽朗的造型

條紋服飾、牛仔褲、白球鞋的造型清爽度十足，再運用亮色系的帽子創造視覺焦點，予人自信又自在的印象。

no: 05

Point
短袖襯衫因為帶點重點設計而不失時髦感。

Point
以休閒長褲取代牛仔褲，搭配短袖襯衫更顯優雅。

穿插亮色系針織毛帽
豐富整體色彩

色系單調的造型中，只要穿插一個跳色的小配件（占小面積的物品）時尚度瞬間倍增。

no:06

Point

襯衫外搭連帽棉質外套和牛仔褲，增添休閒感。

Point

利用麂皮短靴提升莊重不失禮的感覺。

將簡單的短袖襯衫穿出合宜的休閒感

襯衫搭配連帽棉質外套與牛仔褲這類輕鬆愜意的單品時，便能打造出恰到好處的休閒風格。

no:07

Point

以正式的襯衫為主角，並統合整體色系給人幹練的印象。

Point

長褲與鞋子都選擇較正式的款式。

將全身正式的單品統一色系展現都會時尚感

全身搭配簡約、正式的單品時，若統合色系能凸顯成熟穩重感，但要避免一身黑的造型。

no:08

Point

針織衫裡頭內搭正式的襯衫。

Point

穿著窄管休閒長褲修飾身材效果佳。

針織衫 × 襯衫的組合顯得高尚優雅

針織衫內搭一件襯衫，優雅度瞬間提升。袖口反折露出襯衫是此造型重點，凸顯高明的穿搭技巧。

no:09

Point

刷毛服飾是波浪型拿手單品，挑選基本色系較好搭配。

Point

選擇白色球鞋營造輕鬆愜意感。

限縮整體運用的色彩以求沉穩印象

為了不讓刷毛外套的休閒感過強，將整體色系統合限縮於灰色和黑色等沉穩的色彩，是營造成熟感的關鍵。

no:10

Point

正式的襯衫外搭連帽棉質外套多了點運動風。

Point

搭配西裝褲更提升正式感。

整體統合單色系顯得簡潔俐落又優雅

這是個將襯衫穿出運動風的造型，整體統一深色系時散發時髦氣息。可利用配件點綴些明亮色彩增添活潑感。

no:11

Point

領口處圍上圍巾創造視覺重點。

Point

後背包的休閒感恰到好處，呈現隨性自在的印象。

以圍巾圍繞脖頸處創造立體感

外套＋白襯衫＋西裝褲是經典不敗的造型。在領口處加上圍巾的話，更添成熟穩重感。

no: 12

Point
和休閒風單品極好搭配的外套。

Point
除外套之外集結了休閒風單品於一身。

多層次穿搭將外套穿出休閒感

波浪型擅長多層次穿搭。外套內搭花紋上衣或連帽棉質外套，就能使普通的外套＋褲裝造型別具休閒感。

no:13

Point
雙排扣短大衣修飾身材效果佳。

Point
搭配白色球鞋展現清爽感。

搭配休閒風裝扮 仍不失優雅

搭配西裝也合適的雙排扣短大衣，與牛仔褲及針織衫這類休閒風格裝扮也合宜，會讓整體造型很有質感。

no: 14

Point

內搭中透出少許鮮豔的
顏色也能很高雅。

Point

所有配件都統一
同色系。

選擇基本色系 易於搭配

大衣若選擇深藍色等基本色系，與任何單品都好搭配，即使內搭為亮色或有花紋的服飾也能不失莊重感。

混搭最適合自身的單品
打造出最佳造型

【 基本單品 】

1 白T恤
▷P.67

2 圖紋T恤
▷P.69

3 長袖套頭衫
▷P.71

4 短袖襯衫
▷P.73

5 正裝襯衫
▷P.75

6 休閒襯衫
▷P.77

7 連帽棉質上衣
▷P.79

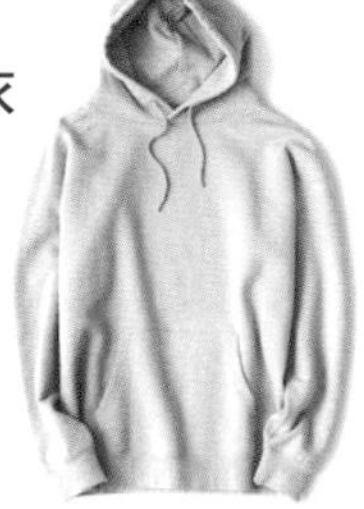

8 針織衫
▷P.81

⑩ 牛仔褲

▷ P.85

⑨ 夾克外套

▷ P.83

⑫ 休閒長褲

▷ P.89

⑪ 正式長褲

▷ P.87

[外套、大衣·配件]

圍巾·皮帶

▷ P.99

帽子·眼鏡

▷ P.97

大衣

▷ P.93

▷ P.91

鞋子 ▷ P.103

包包 ▷ P.101

休閒外套

▷ P.95

no: 01

Point
設計簡潔的帆布後背包給人優雅的印象。

Point
寬大的 T 恤搭配寬鬆牛仔褲。

結合輕鬆率性的單品於一身

自然型即使混搭寬大的服飾單品也不會顯得邋遢，反而能展現成熟感。這身裝扮再加件外套也很棒。

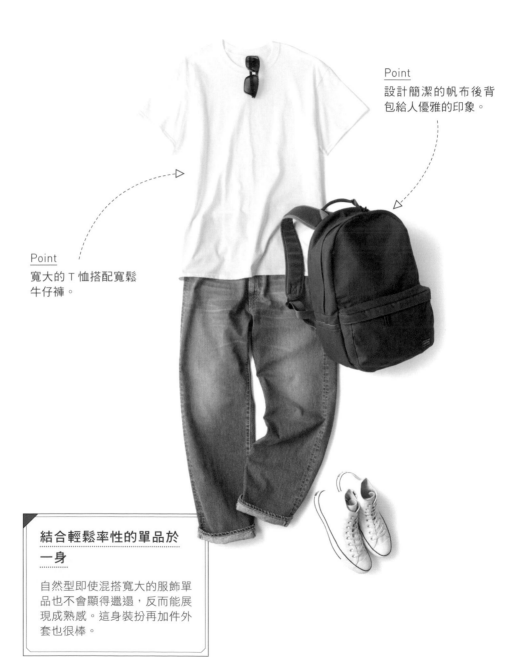

no: 02

Point

以圖紋 T 恤為造型主角
搭配休閒感長褲。

Point

運用皮鞋創造優雅感。

利用皮革材質物品賦予造型成熟感

圖紋 T 恤和休閒風格的卡其工作褲是自然型拿手單品。搭配皮革包包和皮鞋能展現成熟而不帶稚氣的感覺。

no:03

Point

開襟襯衫挑選基本色系較好搭配。

Point

內搭白T恤展現清爽感。

拿手的開襟襯衫內搭白T恤更顯優雅

以沉穩色系的開襟襯衫內搭白T恤，洋溢清爽氣息。

no:04

Point
正裝襯衫＋休閒長褲，呈現自信又自在的風格。

Point
加些配件畫龍點睛。

將針織衫綁於腰際做點變化

這是個將正式的白色襯衫穿出休閒感的造型。將針織衫隨性繫於腰間，能賦予基本造型一些變化和新鮮感。

no:05

Point
以亨利領上衣為造型主角。

Point
藉由格紋西裝褲營造莊重得體的風格。

運用正式的單品打造優雅造型

將休閒感十足的亨利領上衣穿出正式感。搭配西裝褲、皮鞋營造高好感度的端莊形象。

no: 06

Point
內搭白 T 恤流露清爽感。

Point
將休閒襯衫當作外套做多層次穿搭。

以軍裝風襯衫 × 牛仔褲打造遊獵風格

利用軍裝風襯衫搭配牛仔褲營造遊獵風格的造型，加入白色 T 恤及球鞋增添輕快活潑感。

no: 07

Point
低針數針織毛衣內搭襯衫，穿出文質彬彬的感覺。

Point
腳踩雙皮鞋維持優雅度。

休閒與正式風格之間的完美平衡

想將低針數針織衫與牛仔褲的裝扮穿出成熟感，重點在於添加些正式的單品，例如好搭配的襯衫和皮鞋。

no:08

Point

休閒襯衫內搭亨利領上衣，多層次穿搭。

Point

搭配皮鞋避免休閒感過重。

以沉穩的色系展現時尚休閒風

以 P.143 的造型為基礎，將內搭上衣及鞋子換成深色系，頓時就多了幾分都會時尚感。

no: 09

Point

教練夾克內搭連帽棉質長T，剪裁都走寬鬆路線。

Point

卡其工作褲比起牛仔褲更有成熟穩重感。

連帽棉質長T外疊穿件外套塑造率性不羈的風格

設計簡約的教練夾克，內搭連帽棉質長T的造型饒富品味。

no: 10

Point
隨性套上教練夾克，領口敞開露出內搭的圖紋T恤。

Point
下身搭配莊重的西裝褲提升正式感。

將教練夾克穿出正式的感覺

運動風十足的教練夾克其實和正式的西裝褲很搭，限縮整體運用的色彩能給人簡潔俐落的印象。

no:11

Point

將率性風格的外套扣子扣起，顯得溫文儒雅。

Point

藉由皮革配件展現正式得體的感覺。

白襯衫＋西裝褲是絕不出錯的優雅裝扮

若想將燈芯絨外套穿出高雅的感覺，搭配襯衫和西裝褲就沒錯。利用皮革配件為整體造型更添正式感。

no:12

Point

敞開的外套內搭連帽棉質長T流露休閒感。

Point

搭配球鞋、後背包散發率性不羈的氛圍。

搭配外套打造休閒又不失成熟感的造型

雖然連帽棉質長T、牛仔褲、球鞋都是休閒感強的單品，搭配件正式的外套就能流露恰到好處的優雅風格。

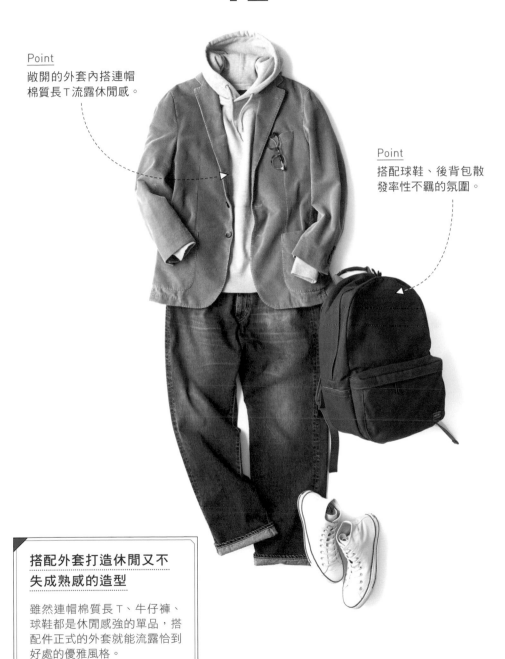

no:13

Point
燈芯絨外套之外搭配黑色的軍裝風大衣。

Point
搭配白色球鞋增添適切的休閒感。

將休閒的軍裝風大衣穿出正式感

儘管軍裝風大衣是休閒感十足的單品，但與外套＋褲裝的造型也融合得很好。

no: 14

Point

將圍巾隨性地披掛加重份量感，顯露自信又自在的穿搭功力。

Point

搭配正式的皮鞋統合為富熟男魅力的造型。

牛角扣大衣和針織衫堪稱絕配

感覺暖呼呼的針織毛衣與花紋單品格外好搭配。捨棄球鞋改搭皮鞋可避免休閒感過重。

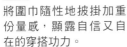

洗滌保養衣物的方法

為了延長衣物壽命，應先了解它們的洗滌與照護方式

不傷衣物的洗滌方式

首先確認洗標，需手洗的衣物就手洗或送乾洗。可機洗的話，請放入洗衣袋中洗滌，以免損傷衣物。

注意洗標

➤ 使用細緻衣物專用的手洗精清洗

➤ 手洗或送乾洗

➤ 無法居家清洗，請送乾洗

延長衣物壽命的照護方式

T恤／套頭衫 ➤	穿著後若擱置不理會，因汗水和人體分泌的皮脂而受損，每次穿過後務必清洗。請使用衣物專用的手洗精並選擇「細緻衣物行程」[譯註]洗滌，才能保持衣物質感。
針織衫 ➤	若未直接接觸肌膚，不需每次穿著後都清洗，穿三～四次後再洗即可。每季結束後請送乾洗。
牛仔褲 ➤	由於初期會褪色，頭三次請勿與其他衣物一起洗滌。如果不介意有點髒汙，穿著三～四次後再洗即可。
大衣 ➤	一季結束後送乾洗，正確清潔可穿很久。
皮鞋 ➤	簡單刷去附著的灰塵，約一個月使用一次皮鞋專用保養油擦拭。
球鞋 ➤	事先噴上防水噴霧就不易附著髒污。鞋內先噴灑除臭、除菌噴霧，可預防泛黃或黑斑。

譯註：原文是稱「トライコース」（Dry Course），字面上看可能會誤以為是不注入水或乾衣行程，但日文其實是指居家模擬送乾洗店時悉心照護的柔性洗滌，好比僅浸泡和輕柔拍打式地洗衣，基本上還是水洗。不過台灣的洗衣機普遍沒有相應行程名稱，比較接近的可能是「細緻衣物行程」。

第4章

藉由骨架分析×基因色彩找出適合自己的西裝

依據骨架分析和基因色彩選擇適合自己的西裝，會提升個人的信賴感和吸引力。

SUIT BASICS

關於西裝的基本概念

為了挑選適合自己的西裝，首先要了解西裝各部位的名稱和功用。

西裝外套之要素

1 翻領
指的是下領片。其領子的下領片較為低垂，和上領片有一個夾角，是最為常見的「標準領」，領口尖端往上揚的「劍領」較常出現在雙排扣西裝上。領葉的寬度會改變西裝予人的印象。

2 衣領
指上領片。

3 鈕扣
經典的商務西裝是「單排兩扣」，其他也有「單排三扣」、「雙排四扣／六扣」的款式。

4 口袋
上方有塊蓋布的「翻蓋口袋」；口袋切口另外以別的布料縫邊的「滾邊袋」；裝飾性的「零錢袋」或稱「票袋」；和採用另外一片布縫貼於西裝上的「貼袋」。

5 袖
指的是袖口設計。像是「假袖衩假扣眼」上的鈕扣僅具裝飾作用，還有「真袖衩真扣眼」可真的扣上及打開，以及「無袖衩無扣眼」直接縫上鈕扣等款式。西裝袖長應在襯衫可露出 1cm 左右的長度。

6 下擺開衩
指的是西裝背後的開衩設計。常見兩側開衩的「背開雙衩」設計；還有「後中心開釵」和正式的西裝採用「背不開衩」的設計。

7 背縫線
沿著脊柱的後中心線。

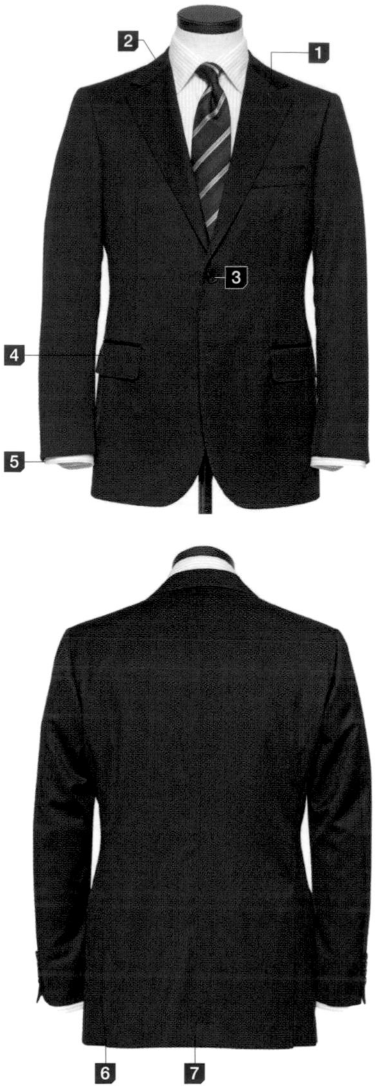

西裝翻領的差異

西裝領大致分為三種設計。

半劍領

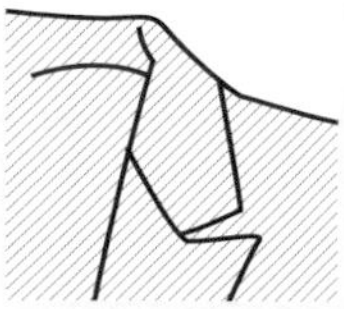

正式感稍低，帶點活潑感的領型。

劍領

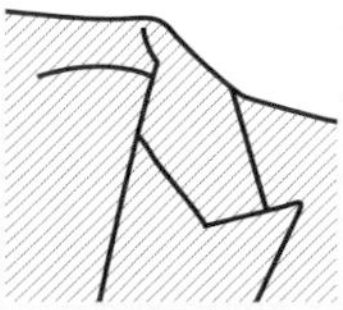

予人隆重的印象，出席派對等正式場合則選擇這種設計。

標準領

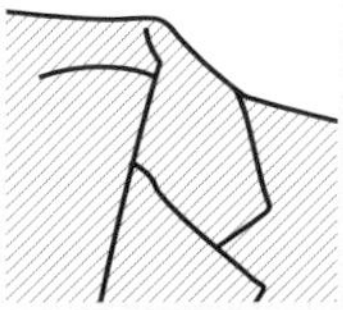

此為最基本常見的設計。商務西裝的話就挑選這種款式。

西裝褲之要素

1 1 皮帶環
繫皮帶時穿過之處。

2 褲頭前打褶
分為「無褶」、「單褶」及「雙褶」三種設計。商務西裝以「單抓褶」為主流。

3 拉鍊門襟
隱藏拉鍊的部分。

4 褲管折線
褲管中央的折線。

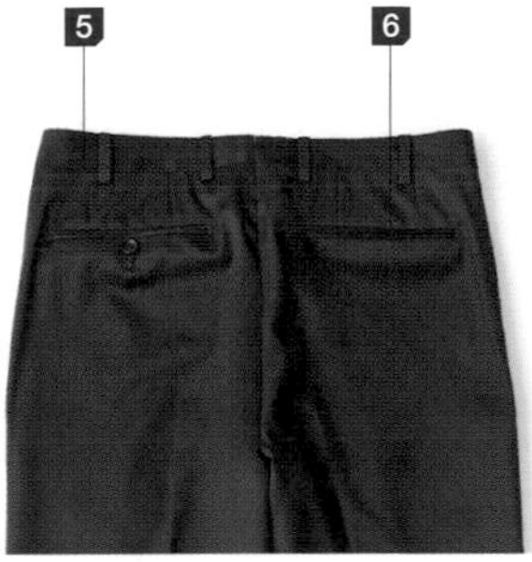

5 腰帶面
腰際長條帶狀部分。

6 後口袋
商務西裝以無袋蓋口袋最為常見。

褲頭打褶差異

褲頭有打摺設計的話，在腰際處留有較多空間方便活動；無打褶的話，整體剪裁較細窄修身。

有抓褶

無抓褶

褲腳的差異

分為「無反折」和「反折」兩種，無反折的款式看起來較俐落。

無反折

反折

各骨架類型 適合的西裝條件

依據骨架類型而定，適合的西裝條件不同，請先確認細節差異。

【比較三種骨架類型】

Straight

直筒型

西裝、襯衫、胸口方巾／造型師私物、領帶／CROWDED CLOSET

①**翻領**	領片寬度：標準（8～9cm） 設計：商務場合的話選擇標準領；派對場合的話劍領也挺適合
②**V領範圍**	深V領
③**鈕扣**	單排或雙排兩扣
④**衣長**	標準長度（約蓋住臀部）
⑤**褲頭打褶**	無褶或單褶
⑥**褲腳**	無反折為佳，反折亦可
整體剪裁	剛好合身

詳見→P.158

Natural

自然型

西裝／造型師私物、襯衫／ABAHOUSE、領帶／THE SUIT COMPANY、胸口方巾／UNIVERSAL LANGUAGE

Wave

波浪型

西裝／造型師私物、胸口方巾／ORIHICA、襯衫／COMME CA MEN、領帶／MONSIEUR NICOLE

Natural

①翻領	領片寬度：寬大（9～10cm） 設計：標準領
②V領範圍	標準或深V領
③鈕扣	單排兩扣或雙排扣
④衣長	長版（比蓋住臀部的長度長2～3cm）
⑤褲頭打褶	單褶或雙褶
⑥褲腳	無反折為佳，反折亦可
整體剪裁	略寬鬆（但不至於鬆垮）

詳見→P.162

Wave

①翻領	領片寬度：細窄（5～8cm） 設計：標準領
②V領範圍	淺V領
③鈕扣	淺V領下方單排兩扣或三扣
④衣長	短版（比蓋住臀部的長度短2～3cm）
⑤褲頭打褶	無褶或單褶
⑥褲腳	適合無反折褲腳
整體剪裁	略窄版（但不至於緊繃）

詳見→P.160

試穿重點

挑選合肩線、剛剛好的尺寸，注意勿過於緊繃。

JACKET

直筒型適合的西裝

肩線

商務西裝的話，肩線講求自然就好；派對場合穿著的西裝肩線則可以略微墊高 5mm，或是選擇肩線尾端微微翹起的山谷型設計，可勾勒出柔和平緩的肩膀輪廓。

翻領

標準寬度（8 ～ 9cm）。商務場合的話選擇標準領；派對之類的場合劍領也算是得體。

其他

衣長挑選剛剛好蓋住臀部的標準長度，並選擇深 V 領以下雙扣的設計。

花紋

不大適合有花紋的款式。仔細端詳照片可見非常低調的極細條紋程度為佳。

PANTS

試穿重點

直筒型腰部較容易顯粗，請選擇穿上後不會產生皺摺、口袋不會翻出來、剪裁順暢漂亮的款式。

褲頭打褶

適合無褶的款式。介意腰部線條或追求活動方便的人，可挑選單褶的款式。

褲腳

適合看起來俐落、無反折的設計。

JACKET

波浪型適合的西裝

試穿重點

波浪型為避免外套看起來鬆垮垮的，請挑選窄版修身的剪裁。

肩線

挑選自然、符合肩寬的設計。特別強調肩部的山谷型設計或厚墊肩都不適合。

翻領

細窄（5～8cm）的標準領在波浪型身上，會讓人以為是寬翻領、顯得大方的感覺。

其他

衣長以短版為佳，比蓋住臀部的長度略短一、兩根手指最能修飾身材。雖然最適合的是三扣的設計，但目前主流設計幾乎是兩顆扣，因此盡可能挑選淺V領的款式。

花紋

適合素面或細條紋，且條紋間隔細的款式。

PANTS

試穿重點

褲子也是挑選窄管修身的剪裁，但要注意太緊的款式不適合商務場合。

褲頭打褶

無褶的設計充分體現了細窄的輪廓。單褶也還算合適，但盡可能避免雙褶，會像是身體遷就衣服般產生違和感。

褲腳

無反折或反折都合適，但直條紋褲款的話，褲腳無反折會顯得較俐落。

JACKET

試穿重點

穿著窄版的外套時容易顯得窘迫、不大方，請選擇剪裁稍寬鬆，不凸顯肩部骨骼線條的款式。

肩線

適合肩線尾端稍微墊高的肩線設計，全墊肩太過強調肩寬，不大適合。

翻領

選擇領片寬大（9～10cm）的標準領設計。

花紋

除了標準素面的款式，大格紋及不規則直條紋也都很合適。

其他

下擺要夠長，足以蓋到臀部再多一～兩根手指寬。適合稍寬大的剪裁。V 領範圍適中，以單排兩顆扣為挑選原則，雙排扣也合適。

試穿重點

褲子也是較適合寬大勝過窄管的剪裁，但注意勿大到會顯邋遢的程度。

PANTS

褲頭打褶

由於自然型髖骨較突出，請挑選單褶或雙褶的設計，具有修飾效果。

褲腳

以反折褲腳為佳，無反折也可。

| 各基因色彩 |

選擇西裝顏色的方法

HOW TO CHOOSE COLOR OF SUIT

在此介紹依據基因色彩類別合適的西裝色系。
同樣是深藍色或灰色，微妙的色調差異便會影響予人觀感。

COLOR_1

NAVY

深藍

				顏色
△	○	○	◎	Spring 春天
○	△	◎	△	Summer 夏天
○	◎	△	△	Autumn 秋天
◎	△	○	△	Winter 冬天

◎…格外適合、○…適合、△…不大適合

不同色系的西裝用途

深藍色系和灰色系西裝都是屬於稍微明亮且略帶休閒感的顏色，而且視職業而定，可能無法適用於商務場合。通常婚喪喜慶等正式場合，穿著黑色較得體，因此請依據場合選擇西裝顏色。商務場合的話，建議先從備妥一套深藍色西裝開始。

- 明亮的深藍色
- 淺灰色
- 黑色

COLOR_2
GRAY
灰色

				顏色
○	◎	○	△	Spring 春天
○	◎	△	○	Summer 夏天
◎	◎	△	△	Autumn 秋天
◎	◎	△	△	Winter 冬天

SHIRT BASICS

關於襯衫的基本概念

襯衫是西裝造型不可或缺之物。了解襯衫花樣與衣領的變化設計後，便能掌握適合自己的單品

襯衫之要素

1 領片
有道是「一件襯衫取決於衣領」，襯衫決定了整體造型形象，設計也各式各樣。→詳見 P.167

2 領台
衣領與身體處相接部分。

3 抵肩
配合身體厚度縫合在肩線處的布。

4 門襟
縫有鈕扣的部分。標準設計是在襯衫邊緣縫製條狀布片的「明門襟」，而邊緣向內折的「法式門襟」或稱「無門襟」則是比較經典的風格。

5 袖口
從西裝外套可露出一點襯衫的長度最為理想。

6 後抵肩
襯衫背面肩線處拼接的部分，裝飾和結構性意義較大。

7 背摺
配合身體圓弧度所打的摺，一般以左右各一摺最普遍。

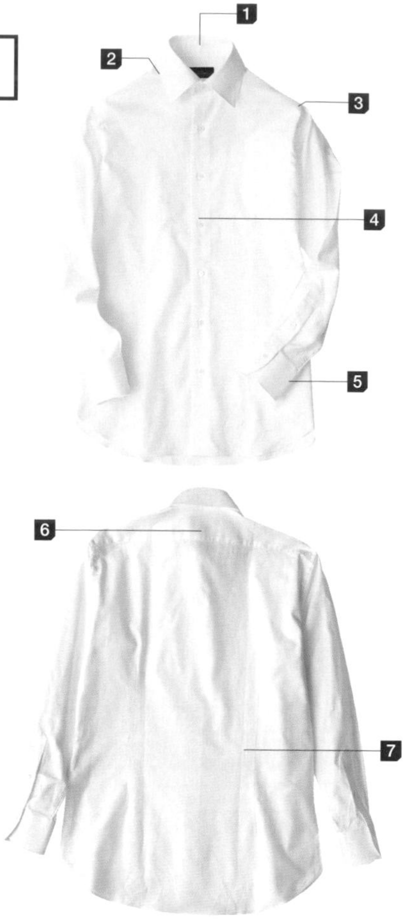

RECENCY OF MINE ABAHOUSE

必備的商務襯衫分為白色、彩色及花紋三種

商務場合穿著的襯衫，基本上應擁有基本的白色、適合自己色系的有色及條紋襯衫三種。備妥這三種襯衫類型的話，穿搭幅度更廣，且能避免造型流於單調、制式化。

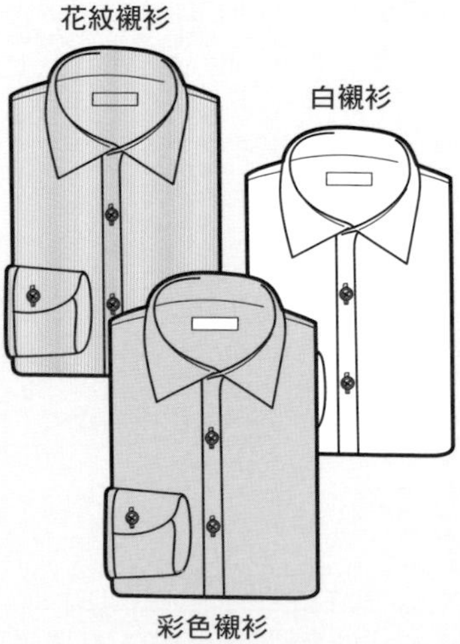

襯衫細節

圓角袖口

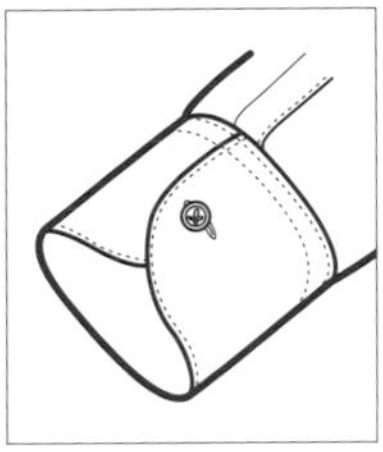

反折袖口

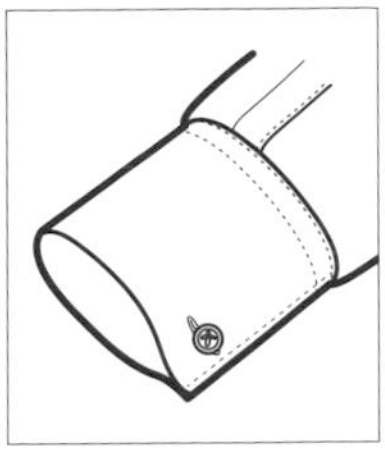

無反折袖口

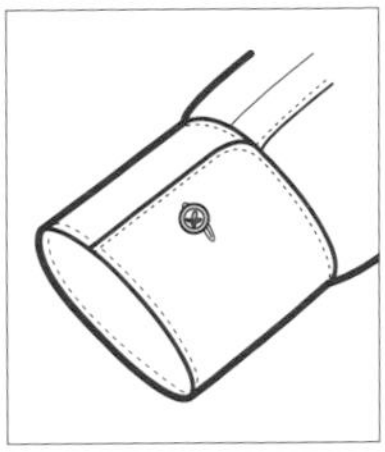

袖口

商務襯衫的基本款是無反折及圓角袖口。反折袖口因為縫製了袖扣，較適合正式一點的場合。此外，圓角袖口線條較柔和，也給人溫和的感覺。

寬劈開領

標準領

衣領設計

目前主流的樣式是領角 100 ～ 140 度外開的寬劈開領設計。雖然標準領是最基本的領型，但感覺較老成。此外，也有外開角度較小的半劈開領設計。

飾耳領

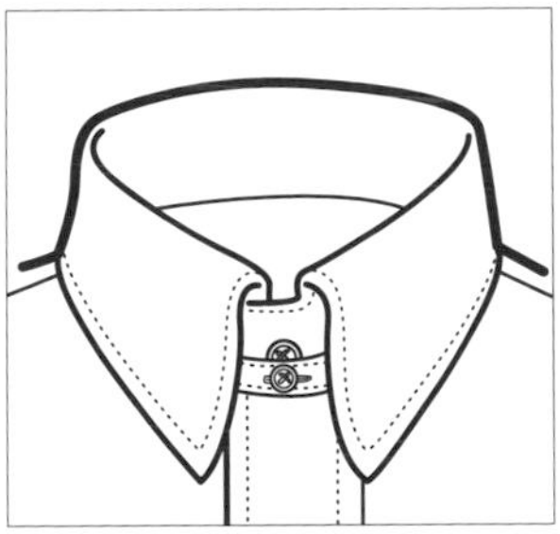

水平領

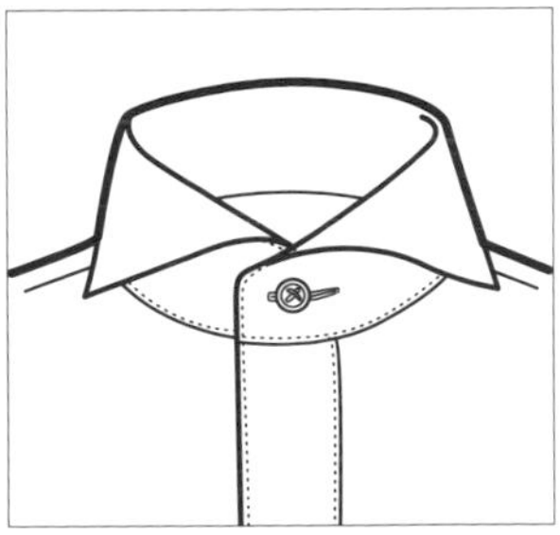

雙扣領

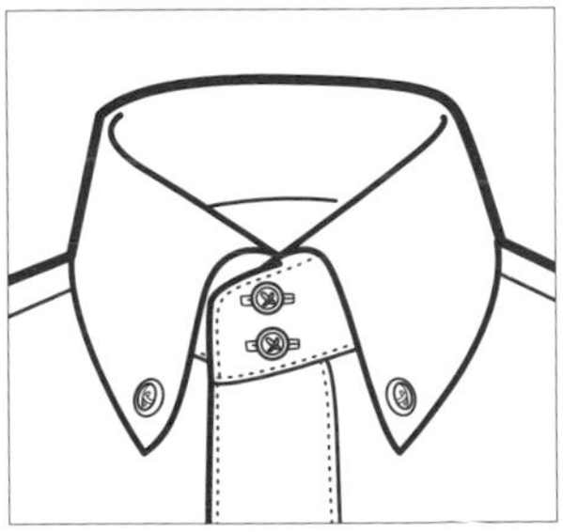

扣結領

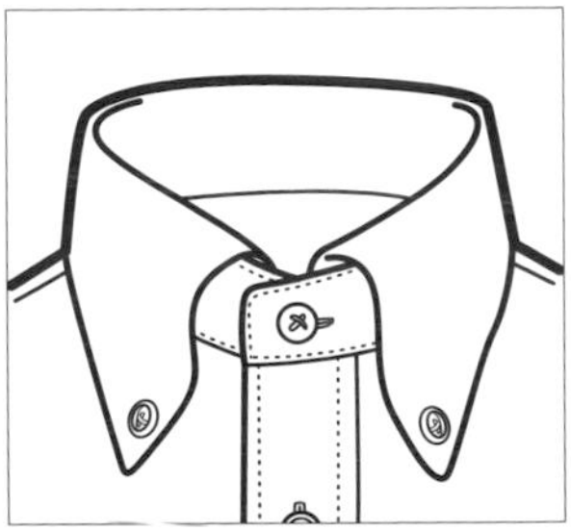

尖角針孔領

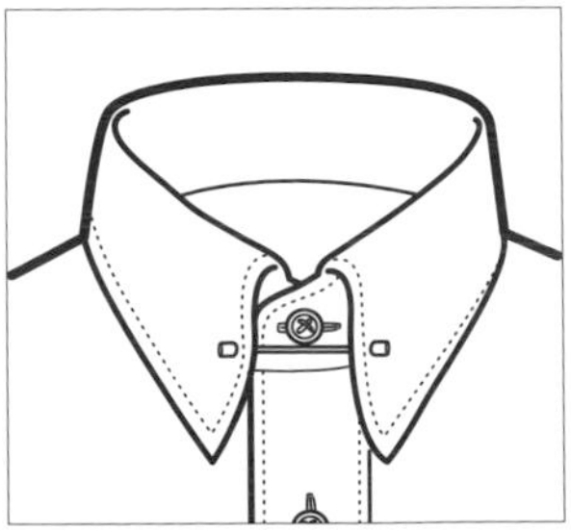

翼狀領

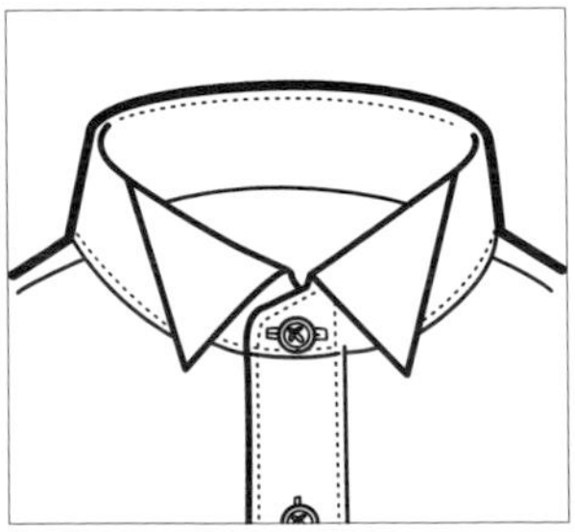

各骨架類型　適合的衣領設計

○…適合、△…不大適合、✕…完全不適合

自然型	波浪型	直筒型	衣領設計
○	○	○	標準領 
△ 顯得窘迫 半劈開領則 OK	○	△ 凸顯脖子短 半劈開領則 OK	寬劈開領 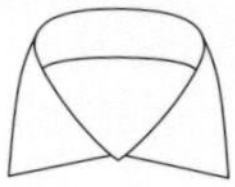
✕ 看起來太俏皮稚氣	○ 善於駕馭小領片設計	✕ 脖頸處看起來窒塞， 不適合	水平領 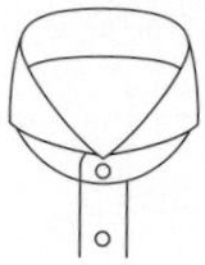
△ 領結會顯得太小 而不夠大方	○ 適合脖子細長的 波浪型骨架者	△ 由於衣領較高， 脖子顯短	飾耳領 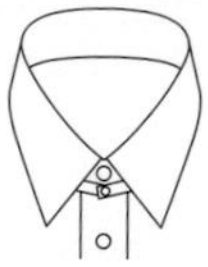
○ 帶點休閒感很適合	○ 能修飾脖子顯得細長	△ 凸顯脖子短	扣結領 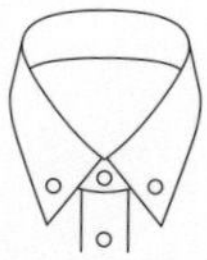
△ 少了些隨性感， 不那麼適合	○ 特別適合針孔領	○ 可以呈現出立體 的領結	尖角針孔領 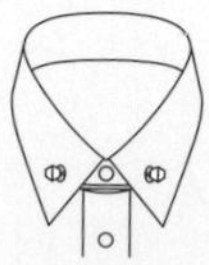

各骨架類型 適合的襯衫花樣

依據骨架體型適合的襯衫花樣各有不同。
不妨先了解一下實穿的基本襯衫花樣。

○…適合、△…不大適合

自然型	波浪型	直筒型	花樣
○	○	○	粗直條紋 
○	○	○	細直條紋 
○	○	○	粗細間隔直條紋 
△ 西裝造型時，不善駕馭細的嘉頓格紋	○	△ 不善駕馭細緻的花紋	嘉頓格紋 
△ 不善駕馭細緻的花紋	○	△ 不善駕馭細緻的花紋	淺色底雙色細格紋 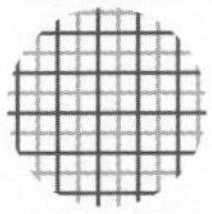
△ 不善駕馭細緻的花紋	○	△ 不善駕馭細緻的花紋	圓點 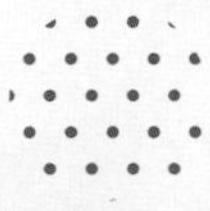
△ 較適合粗細間隔的直條紋	○ 選擇細的雙線直條紋款式	○	雙線直條紋 

TIE BASICS

關於領帶的基本概念

展現品味和個性的領帶是一項能令人印象深刻的單品。試著選擇適合自己的花紋和材質吧！

領帶之要素

1 領結
指的是領帶所打出來的結。領結大小應配合襯衫領型。

2 領帶窩
指的是領結下方產生的凹陷。領帶窩能創造出領帶整體的立體感，予人高尚的感覺。

3 大劍・小劍
領帶末端較寬的那端稱為大劍；較窄的一端稱為小劍。大劍一般約寬 8 ～ 9cm。

CROWDED CLOSET

透過胸前的領帶窩營造時尚感

使領帶顯得立體的領帶窩能在胸口營造出華麗的氛圍。用食指輕輕擰緊製造出領帶寬面上一個凹陷，再逐漸束緊以形成漂亮的領帶窩。不過，出席弔唁的場合則不適合此舉。

各骨架類型 適合的領帶花樣

○…適合、△…不大適合、✕…完全不適合

自然型	波浪型	直筒型	領帶花樣
○ 推薦率性質感的款式	○ 適合具光澤感的材質	○ 適合絲質等高檔材質	素面（無花紋） 
△ 推薦不規則條紋款式	△ 選擇細的直條紋等觀感柔和的款式	○ 善於駕馭直條紋	條紋 
△ 適合大器勝於細緻的花紋	○ 善於駕馭圓弧形和細小圖樣	△ 適合四角形或大型圖樣	細小花紋 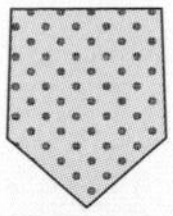
✕ 不適合帶可愛感的款式	○ 適合華麗的圖樣	✕ 休閒感過重	格紋 
✕ 適合大圓點勝於小圓點	○ 尤其適合細小圓點	✕ 適合直條紋勝於圓形圖樣	圓點 

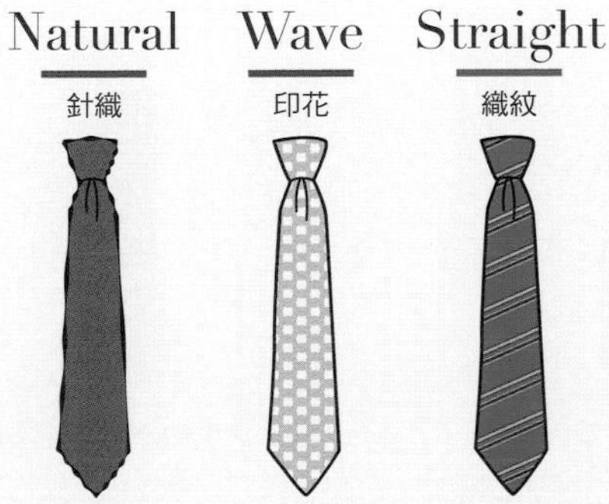
Natural
針織
Wave
印花
Straight
織紋

領帶材質

領帶材質包括織紋、印花和針織。直筒型較適合經典的織紋款式；波浪型則適合印花之類華麗的設計；而像針織這類表面具凹凸感的材質則是自然型拿手款式。不過，由於針織領帶的休閒感十足，盡量避免正式的場合穿戴。

| 各基因色彩 |

西裝穿搭

SUIT COORDINATE

穿著屬於個人基因色彩的襯衫和領帶能使臉色看來明亮健康。
利用3件襯衫×3條領帶就能充分做搭配。

Spring

春季型

▶ 適合的色彩一覽見 P.53

基本的襯衫&領帶

Purple

在彩色襯衫中，紫色能塑造華麗的印象也富時尚感。

Blue

帶點黃色調的藍色襯衫顯得時髦優雅。

White

純白色襯衫在商務場合上無往不利。

×

Green

淺綠色能營造清新的形象，尤其素面的款式更令人耳目一新。

Yellow

柔和的顏色能營造溫柔感，有花紋的款式勝於素面。

Navy

基本必備的深藍色領帶則挑選色調明亮一點的款式，以給人好印象。

白襯衫／ORIHICA、藍色襯衫／THE SUIT COMPANY、格紋襯衫／LANVIN en Bleu、深藍色領帶／Robert Fraser、其他／造型師私物

SUIT COLOR_1
NAVY
深藍色西裝

西裝外套／
BEAMS LIGHTS

Purple×Navy

這樣的配色予人直爽、友善的印象。深藍色的領帶給人一種信賴感。

Blue×Green

藍色 × 綠色的配色給人爽朗又穩重的印象。

White×Yellow

白襯衫搭明亮的黃色系領帶予人充滿朝氣、陽光的感覺。

SUIT COLOR_2
CHARCOAL GRAY
深灰色西裝

西裝外套／
ABAHOUSE

Purple×Yellow

近似對比色的紫色與黃色配色，給人略帶休閒又不失華麗的感覺。

Blue×Navy

襯衫與領帶統一同色系是萬無一失的配色。

White×Green

沉穩的深灰色搭配淺綠色，增添些許爽朗的感覺。

Summer

夏季型

▶ 適合的色彩一覽見 P.55

基本的襯衫&領帶

Purple

夏季色彩屬性的人穿上淡淡的薰衣草藍紫色，意外地散發魅力。

Blue

藍色本就是夏季色彩人拿手的顏色，即使有花紋的襯衫也能駕馭地很好。

White

清爽的白襯衫是基本款之一，非常適合膚色清透白皙的夏季色彩人。

Grey

夏季色彩人很適合灰色。乍看或許有點單調，但穿上身瞬間就很時尚。

Pink

夏季色彩人善於駕馭各種粉嫩色彩。素面的粉紅色領帶能營造溫柔的印象。

Navy

拿手的藍色系當中帶點紫，和其他深色服飾容易搭配，也很推薦。

白襯衫／RECENCY OF MINE ABAHOUSE、條紋襯衫／THE SUIT COMPANY、粉紫色襯衫／Psycho Bunny、所有領帶／MACKINTOSH LONDON

SUIT COLOR_1
NAVY
深藍色西裝

粉紫×粉紅予人溫柔的感覺，原本就都是適合夏季型的顏色，所以不會產生突兀感。

襯衫與領帶統一同色系的配色給人精明幹練的印象。

白襯衫配灰色領帶營造的單色漸層，打造出既都會時尚又成熟的造型。

SUIT COLOR_2
CHARCOAL GRAY
深灰色西裝

薰衣草藍的襯衫＋灰色領帶給人優雅的印象。

灰色西裝外套內搭藍色系襯衫＋粉紅色領帶，賦予整體一種酷帥的感覺。

灰色西裝外套內搭白襯衫＋靛藍色領帶，給人信賴和安心感。

SUIT COORDINATE

Autumn

秋季型

▶ 適合的色彩一覽見 P.57

基本的襯衫＆領帶

Brown

秋季型擅長駕馭時髦的棕色，若加上條紋圖樣還能營造爽朗的感覺。

Blue

由於秋季型很適合深沉色調，推薦有鮮明線條設計的款式。

White

商務場合時穿著白襯衫最得體。

Orange

成熟內斂的橘色是秋季型拿手顏色，能穿出時尚感且予人溫和的印象。

Brown

藉由深棕色交織的領帶，打造值得信賴的成熟造型。

Navy

帶點黃色調的深藍色也是秋季型拿手的顏色。領帶上有點圖案才不至於乏味單調。

所有襯衫／ORIHICA、深藍色領帶／Robert Fraser、其他／造型師私物

SUIT COLOR_1
NAVY
深藍色西裝

疊搭拿手棕色的造型，不僅深具時尚感且給人沉穩印象。

散發正面積極感覺的橘色，搭配花紋襯衫給人活躍、朝氣蓬勃感。

這樣的配色散發安定感。領帶上若有些圖樣便不至於乏味單調。

SUIT COLOR_2
CHARCOAL GRAY
深灰色西裝

如此配搭流露著友善的氣息。深藍色領帶給人一種安心感。

沉穩的深色相互結合的造型，帶點休閒感又溫和的印象。

白襯衫＋橘色領帶柔中帶剛，且流露一股值得信賴的感覺。

SUIT COORDINATE

Winter

冬季型

▶ 適合的色彩一覽見 P.59

基本的襯衫＆領帶

Blue

針對冬季型，尤其推薦運用深藍色、線條設計鮮明俐落的款式。

Blue

冬季色彩人擅長駕馭淡藍色襯衫，與深藍色西裝搭配起來也非常協調。

White

純白無瑕的白襯衫能映襯明亮的膚色，且烘托出緊實的輪廓。

Green

深綠 × 深藍的配色感覺高雅。利用有圖紋的款式為造型增添些變化。

Red

非常適合濃郁的深紅色。商務場合時選擇沉穩的顏色絕不出錯。

Navy

近似黑色的深藍色給人嚴謹正經的感覺。

白襯衫／RECENCY OF MINE ABAHOUSE 、藍色襯衫／THE SUIT COMPANY、格紋襯衫／Psycho Bunny、深藍及酒紅色領帶／COMME CA MEN、藍綠色領帶／Psycho Bunny

SUIT COLOR_1
NAVY
深藍色西裝

與嚴謹內斂的深藍色相互搭配，散發一種堅定和信賴感。

藍色與綠色系搭配塑造乾淨清爽的印象。領帶上的圖樣增添視覺焦點。

白襯衫＋深紅色系領帶呈現的對比也是令人感到安心的配色。

SUIT COLOR_2
CHARCOAL GRAY
深灰色西裝

這樣的配色流露些許玩心，給人正面且具親和力的印象。

藍色系的襯衫和領帶統合同色系，能營造高雅沉著的形象。

如此配色格外烘托領帶上的圖案。俐落幹練之餘還散發親和力。

| 各骨架類型 |

其他西裝風格穿搭法

涼爽輕便的輕西裝風格，是另種適合商務場合的變通方式。
另外，三件式西裝造型更顯時尚感，請善加掌握穿著重點。

輕西裝

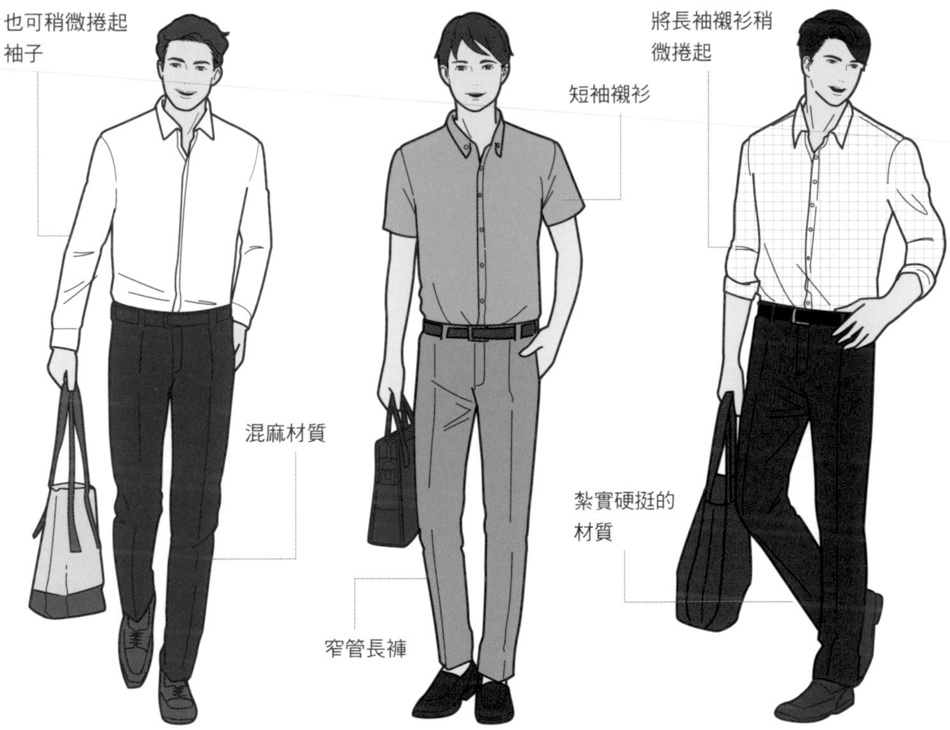

Natural

- 適合長袖襯衫，將袖子稍微捲起或穿著稍寬鬆的短袖襯衫也可以，不過要注意太寬大恐有顯邋遢的疑慮。
- 適合混麻材質，透氣性佳也十分推薦。
- 長褲→見 P.163

Wave

- 很適合短袖襯衫，挑選袖口較窄的款式看起來比例較好。
- 適合疊穿背心做多層次穿搭，對於調節溫度是很方便的單品。
- 長褲→見 P.161

Straight

- 短袖襯衫穿在直筒型身上比例不佳，最好選擇長袖襯衫並將袖口稍微捲起。
- 襯衫要選擇不要太薄、紮實硬挺的材質，推薦像是網眼針織之類帶點厚度但透氣性良好的材質。
- 長褲→見 P.159

三件式西裝

Straight

- 5 顆鈕扣
- 深 V 領背心
- 適合經典領型
- 西裝外套→見 P.158

Wave

- 6 顆鈕扣
- 淺 V 領背心
- 西裝外套→見 P.160

NG 穿著方式

NG1 襯衫的領緣蓋到背心 NG，應好好地塞進背心裡。

NG2 領帶從衣襬間露出 NG，應塞進褲子裡。

NG3 露出皮帶 NG，應注意背心長度。

Natural

- 5 顆或 6 顆鈕扣
- 適合稍微寬大但不流於邋遢的款式
- 西裝外套→見 P.162

治裝訣竅

不擅治裝的人能依循此處介紹的選購流程，不再猶疑且成功買到適合自己的服飾。

1 決定欲購買的物品

前往服飾店治裝前請先決定要買什麼。確認第三章中介紹的單品，只要添購自己手邊尚沒有的服飾。如果不清楚該先買什麼好，首先備齊一件得體正式的襯衫（→ P.74）、一條休閒長褲（→ P.88）、外套（→ P.82），就能成為穿搭的核心單品。

此外，購買前請先掌握各個單品適合的骨架特徵。建議可將書中介紹的服裝單品先以手機拍下，選購時方便確認服飾特徵。

POINT 1

搜齊第三章介紹的單品

以得體正式的襯衫（→ P.74）、休閒長褲（→ P.88）、外套（→ P.82）為優先選購之物。

POINT 2

先牢記適合自身骨架的服飾特徵

最好先將本書中介紹的服裝單品以手機拍下帶著參考。

2 關於選購服飾之處

首先從平易近人、像 UNIQLO 這類的快時尚品牌店尋覓服飾吧！價格親民且搜羅了各種基本單品、也不需要和店員交談就能輕鬆選購和試穿的店舖開始。快時尚品牌的尺寸齊全，尤其推薦在此選購基本剪裁的下半身單品和 T 恤。

慢慢習慣且對於治裝有些心得後，不妨到品味更獨特的選物店尋覓服飾。這些店裡的服裝設計豐富，可以找到依據自身骨架體型條件合適的單品。而且，選物店進的單品質感更好，更容易打造出成熟高雅的時尚造型，尤其若能購入幾件外套和大衣，就能簡單提升穿搭品味。

快時尚店家範例

- ☐ UNIQLO
- ☐ GAP
- ☐ 無印良品
- ☐ H&M
- ☐ ZARA
- ☐ GLOBAL WORK

選物店範例

- ☐ BEAMS
- ☐ TOMORROQLAND
- ☐ SHIPS
- ☐ JOURNAL STANDARD
- ☐ UNITED ARROWS

注意點

儘管網購輕鬆又方便，但無法確切判斷尺寸、剪裁和材質，也可能有色差，儘量避免網購。

3 購買時確認事項

購買衣服時先目視檢視再試穿確認。可以依序透過服飾的顏色花樣、材質和設計快速判斷，若三個條件都合適再試穿。穿上身的尺寸感非常重要，即便稍嫌麻煩也請務必試穿。只要先把握好合乎自身骨架的重點，判斷就快得多了。

STEP 1

依照顏色花樣→材質→設計依序確認

↓

STEP 2

務必試穿，檢視符合自身骨架條件的重點

確認重點

Straight

〔上衣〕

- ☐ 看起來不緊繃
- ☐ 衣襬大約及腰的長度
- ☐ 不會令脖頸處感覺窘迫

〔下身〕

- ☐ 不會凸顯臀腿臃腫
- ☐ 俐落直順

Wave

〔上衣〕

- ☐ 不會顯胖
- ☐ 衣襬及腰或略上方的長度
- ☐ 脖頸處敞開的領口不過大

〔下身〕

- ☐ 看起來窄版修身
- ☐ 不會鬆垮垮

Natural

〔上衣〕

- ☐ 不顯束縛感、稍微寬鬆的感覺
- ☐ 衣襬長度位於腰部略下方

〔下身〕

- ☐ 寬大的剪裁
- ☐ 不顯束縛感

4/ 與店員對談方式

似乎很多人表示「不擅長和店員交談」，不過服飾店店員有其時尚專業度，若能與店員好好溝通，其實他們能給予有益的建言和協助。休閒服飾不用說，訂製西裝時更是，不妨清楚傳達自己的需求並仰賴店員的專業知識。

scene.1 情境 1
店員上前詢問時…

「可以表明「我想找一件灰色窄管的錐形褲」之類，明確地告知自己想選購的物品，交由店員介紹適合的單品。對於需求明確的人，店員不會胡亂推薦別的物品，因此要充分傳達自己尋覓之物的條件。」

scene.1 情境 2
試穿後不合適時…

「可以表明「尺寸不大合適」或是「我想再考慮一下」，委婉但直接了當地否決。也可以問問「是否有再寬鬆一點的款式」等，更進一步詢問需求服飾的條件，讓店員尋找恰當的單品。」

5 服飾管理方法

蒐羅適合自己的服裝以打造最棒的衣櫃，也應該了解一下管理服裝的訣竅。

該如何處置不合適的服飾？

→ 毫無遲疑地丟棄
拿去跳蚤市集或捐到二手回收商店

該將衣物吊掛還是摺疊收納？

- □ T恤
- □ 襯衫
- □ 套頭衫

→ 用衣架吊掛較不容易皺。洗淨晾乾後直接收進衣櫥。可利用不使衣物變形的衣架吊掛。

- □ 針織衫

→ 容易因拉伸而變形，基本上摺疊收納較好

- □ 長褲

→ 西裝褲等吊掛於專用的衣架上避免皺摺。

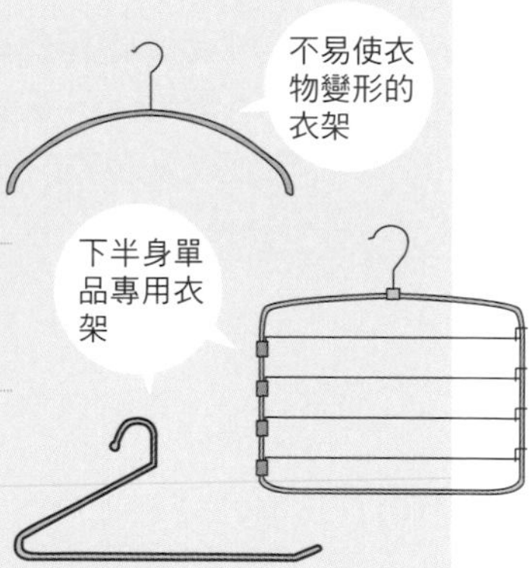

如何處置只穿過一次但還沒有要洗的衣服？

→ 為尚未要清洗的衣服區分出一個空間。
和未穿過的乾淨衣物放在一起容易混淆，最好清楚地分開收納。

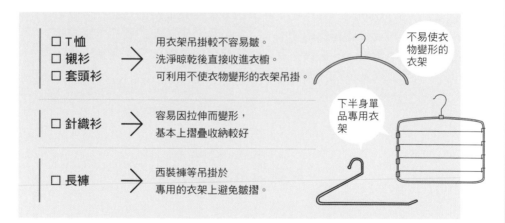

提供本書刊載的服飾店家列表

ABAHOUSE ／アバハウス 原宿	MONSIEUR NICOLE ／ニコル
aniary ／プルーム	New Balance ／ニューバランス ジャパンお客様相談室
BANANA REPUBLIC ／バナナ・リパブリック	New Era® ／ニューエラ
BEAMS ／ビームス 原宿	NYUZELESS ／ユナイト ナイン
BEAMS LIGHTS ／ビームス ライツ 渋谷	OAKLEY ／ミラリ ジャパン（オークリー）
blazer's bank.com ／ザ・スーツカンパニー 銀座本店	OLIVER PEOPLES WEST ／ポーカーフェイス ヌーヴ・エイ アイウエア事業部
BRIEFING ／ブリーフィング GINZA SIX 店	OMNIGOD ／オムニゴッド代官山
C P H ／シー ピー エイチ	ORIHICA ／オリヒカ 池袋東口店
Champion ／ヘインズブランズ ジャパン カスタマーセンター	PELLE MORBIDA ／ウエニ貿易
COLUMBIA BLACK LABEL ／コロンビアスポーツウェアジャパン	PENDLETON ／アドナスト
COMME CA MEN ／ファイブフォックス カスタマーサービス	PORTER ／吉田
CONVERSE ／コンバースインフォメーションセンター	Psycho Bunny ／ジョイックスコーポレーション
COSEI ／アーバンリサーチ プレスルーム	Ray-Ban ／ミラリ ジャパン
CROWDED CLOSET ／クラウデッドクローゼット 越谷レイクタウン店	RECENCY OF MINE ABAHOUSE ／アバハウス 有楽町マルイ店
FilMelange ／フィルメランジェ	RED CARD exclusive for ABAHOUSE ／アバハウス 原宿
GLOVERALL ／ゲストリスト	RED WING ／レッド・ウィング・ジャパン
INCOTEX ／スローウエア ジャパン	REMI RELIEF ／ユナイト ナイン
Jalan Sriwijaya exclusive for ABAHOUSE ／アバハウス 原宿	Robert Fraser ／アイネックス
JOHN SMEDLEY ／リーミルズ エージェンシー	SAINT JAMES ／セント ジェームス代官山店
JOHNSTONS ／リーミルズ エージェンシー	SANDINISTA ／トゥー・ステップ
LANVIN en Bleu ／ジョイックスコーポレーション	Schott ／ショット グランド ストア 東京
L.L.Bean ／ L.L.Bean カスタマーサービスセンター	SUPERTHANKS ／バンプロ
LACOSTE ／ラコステお客様センター	THE SUIT COMPANY ／ザ・スーツカンパニー 銀座本店
Lee ／リー・ジャパン	UNIVERSAL LANGUAGE ／ユニバーサルランゲージ たまプラーザ テラス店
Lui's ／ Lui's 新宿店	Universal Works. ／メイデン・カンパニー
MACKINTOSH LONDON ／ SANYO SHOKAI(カスタマーサポート)	URBAN RESEARCH ／アーバンリサーチ プレスルーム
Manual Alphabet ／エムケースクエア	VANS ／ヴァンズ ジャパン
MEWS ／ビームス ライツ 渋谷	クレジットの記載がない商品はすべてスタイリスト私物です。

骨架分析 X 基因色彩
＝省時、省錢又省力的最強男子選衣法

作　　者／二神弓子
譯　　者／邱喜麗
主　　編／林巧涵
責任企劃／倪瑞廷
美術設計／白馥萌
內頁排版／唯翔工作室

西裝取材協力
FABRIC TOKYO

日文版工作人員
造型師　佐藤ユウイチ、佐々木慎
攝影　草間智博
設計　村口敬太　中村理恵
舟久保さやか　ジョン・ジェイン（スタジオダンク）、池口香萌（D会）
插圖　POP CORN STUDIO、和田七瀬
模特兒　間橋渉(SOS)、柳リョウ（GRANDIA）、黒飛勇人（AOYAMA OFFICE）
診斷協力　株式會社愛喜碧
編輯協力　スタジオポルト

第五編輯部總監／梁芳春
董事長／趙政岷
出版者／時報文化出版企業股份有限公司
108019台北市和平西路三段240號　發行專線／（02）2306-6842
讀者服務專線／0800-231-705、（02）2304-7103　讀者服務傳真／（02）2304-6858
郵撥／1934-4724時報文化出版公司　信箱／10899 臺北華江橋郵局第99信箱
時報悅讀網／www.readingtimes.com.tw　電子郵件信箱／books@readingtimes.com.tw
法律顧問／理律法律事務所　陳長文律師、李念祖律師
印　　刷／和楹印刷有限公司　初版一刷／2020年9月25日　初版三刷／2023年7月20日
定　　價／新台幣360元

時報文化出版公司成立於一九七五年，並於一九九九年股票上櫃公開發行，
於二〇〇八年脫離中時集團非屬旺中，以「尊重智慧與創意的文化事業」為信念。

骨架分析X基因色彩＝省時、省錢又省力的最強男子選衣法 / 二神弓子作 ; 邱喜麗譯. -- 初版. -
臺北市 : 時報文化, 2020.09　ISBN 978-957-13-8339-2(平裝)　1.男裝 2.衣飾 3.時尚　423.21　109012031

"KOKKAKU SHINDAN × PERSONAL COLOR KASHIKOI FUKU ERABI"
by Yumiko Futakami

Original Japanese edition published by SEITO-SHA Co., Ltd., Tokyo.
This Traditional Chinese language edition is published by arrangement with SEITO-SHA Co., Ltd., Tokyo in care of Tuttle-Mori Agency, Inc., Tokyo through Future View Technology Ltd., Taipei.

基因色彩診斷色卡

Spring

春季型

基因色彩診斷色卡

Summer

夏季型

基因色彩診斷色卡

Autumn

秋季型

基因色彩診斷色卡

Winter

冬季型

Spring
【春季色彩】

嫩綠	鸚鵡綠	草綠	海水藍	漾彩藍
暮光藍	番紅花紫	香蕉牛奶	向日葵	淺米褐
灰棕	焦糖棕	杏仁棕	烏龍茶	亮珊瑚粉
極光粉	緋紅	牡蠣灰	暖灰	乳白

Summer
【夏季色彩】

嬰兒藍	天空藍	藍絲帶	皇家藍	海軍藍
紫丁香	薰衣草紫	薰衣草藍	薄荷綠	孔雀綠
檸檬黃	香檳金	玫瑰棕	可可棕	草莓粉
薄霧灰	天空灰	老鼠灰	月光石	棉花糖

Autumn

【秋季色彩】

翡翠綠	苔癬綠	草原綠	橄欖綠	叢林綠
尼羅藍	水鴨藍	藍黑	煙霧藍	茄紫
番紅花黃	南瓜橘	暗橘	瑪瑙紅	可頌褐
栗子棕	赭色	灰綠	亞麻灰	香草白

Winter

【冬季色彩】

清晨薄霧	太平洋藍	亮藍	東方藍	午夜藍
水晶紫羅蘭	木蘭紅	水晶綠	孔雀石	英國綠
月光黃	鮮黃	朱紅	勃根地紅	水晶米色
銀灰	石灰	鐵灰	神秘黑	雪白